渡部潤一
Watanabe Junichi

星空の散歩道

星座の小径《こみち》編

教育評論社

上:空から降り注ぐように流れたふたご座流星群。2021年12月13日から14日に出現した流星部分を比較明合成。(長山省吾氏撮影、国立天文台提供)
下:20メートル電波望遠鏡とオリオン座
(VERA水沢観測局、清水上誠氏撮影、国立天文台提供)

上:天の川(国立天文台提供)
下:冬空を射抜くふたご座流星群(国立天文台提供)

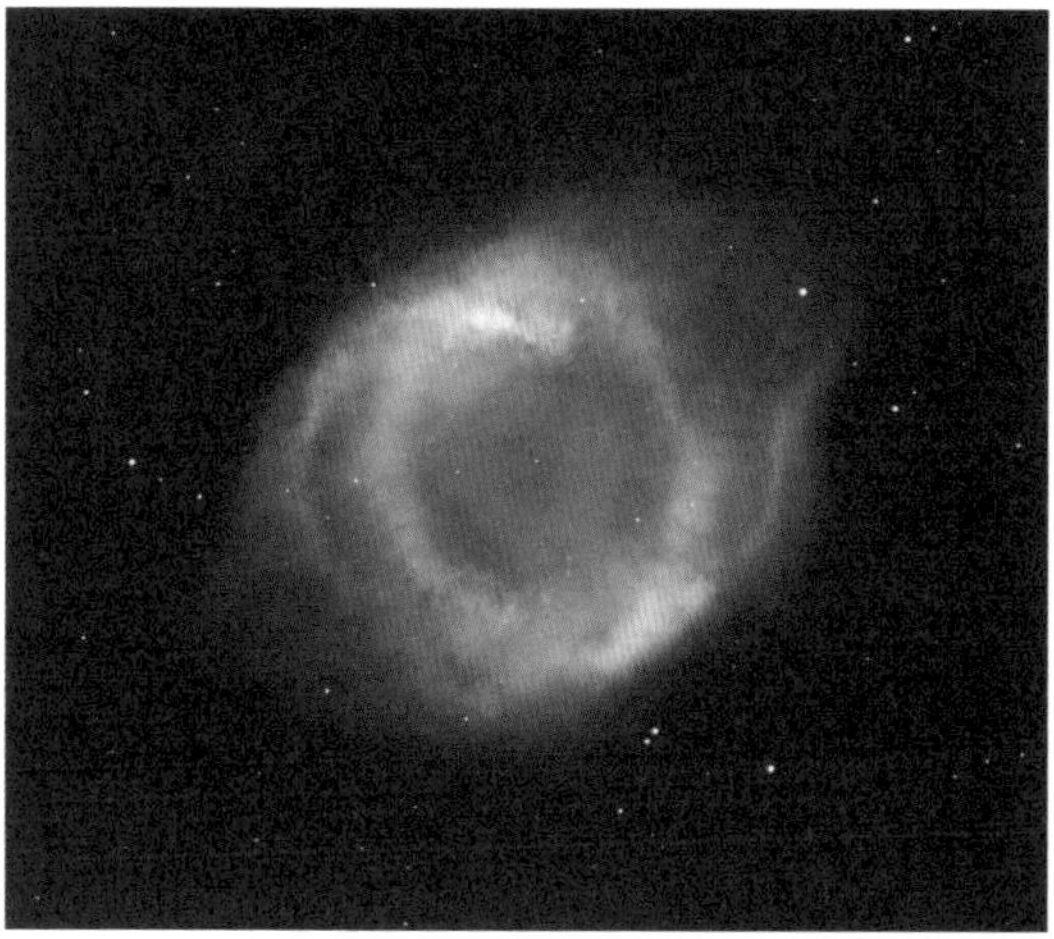

上:ペルセウス座流星群
2016(国立天文台提供)

中:らせん星雲
(NASA, NOAO, ESA,
the Hubble Helix
Nebula Team, M. Meixner
(STScI), and T.A. Rector
(NRAO))

下:はくちょう座 ベータ星
(国立天文台提供)

はじめに

天界不変也とは、よくいうが、実は日々、その理解が進むだけでなく、天界には様々な現象も起きる。静かに見える宇宙も実はよく観察するとダイナミックに動いている。そんな宇宙の面白さを多くの人に知って欲しくて、三菱電機が運営するインターネットのサイト「DSPACE」で「星空の散歩道」というエッセイの連載をはじめたのは２００５年末のことだった。それ以来、ほぼ毎月、なんらかのテーマで宇宙についての面白そうな話題を取り上げ、約15年にわたって紹介してきた。最終回となった１５０回目は、通常のエッセイではなく、ファンの皆さんとの一時を過ごす楽しい会を催してもらい、とても有意義な時間を過ごさせていただき、その様子を公開することで、長期の連載を閉めさせていただいた。

思えば、ずいぶんと長く連載を続けられたものだと思う。これだけ長いと紹介するテーマに困ることはなかったのですか、としばしば聞かれることもあるのだが、実はテーマがなくて困ったという記憶はあまりない。この連載だけでなく、新聞などでも比較的長期に連載をもったこともあるのだが、やはり同様である。むしろ、複数のテーマやネタがあって、どれにするか絞り込むのに困ることの方が多かったほどだ。宇宙に関する話題は、その理解が日進月歩で進んでいくというだけでなく、一般的な話題から天文現象を中心にした時事的な話題まで、それこそ〝星の数〟ほど紹介してみたいことがあるからだ。

その意味では、「星空の散歩道」に掲載された150本のエッセイは厳選されたものともいえる。本書では、その一部をさらに厳選して紹介することになるわけだ。もともと厳選されたテーマの中から、さらに厳選されたものについて再掲するだけでなく、連載時の時候や時期的な記述も大幅に書き直し、さらに執筆時にまだ明らかになっていなかった事実についてもできる限り当時の雰囲気を損なわないように必要最小限に情報を付加して、追記しておいたつもりである。本書が、皆さんにとって星空を散歩するときのよいガイドブックになれれば、執筆者としてこれほど嬉しいことはない。

目次

Ⅰ 春

II
夏

Ⅲ

秋

Ⅳ 冬

装幀・本文デザイン＝鳴田小夜子（KOGUMA OFFICE）

◎春頃の星座（国立天文台提供）

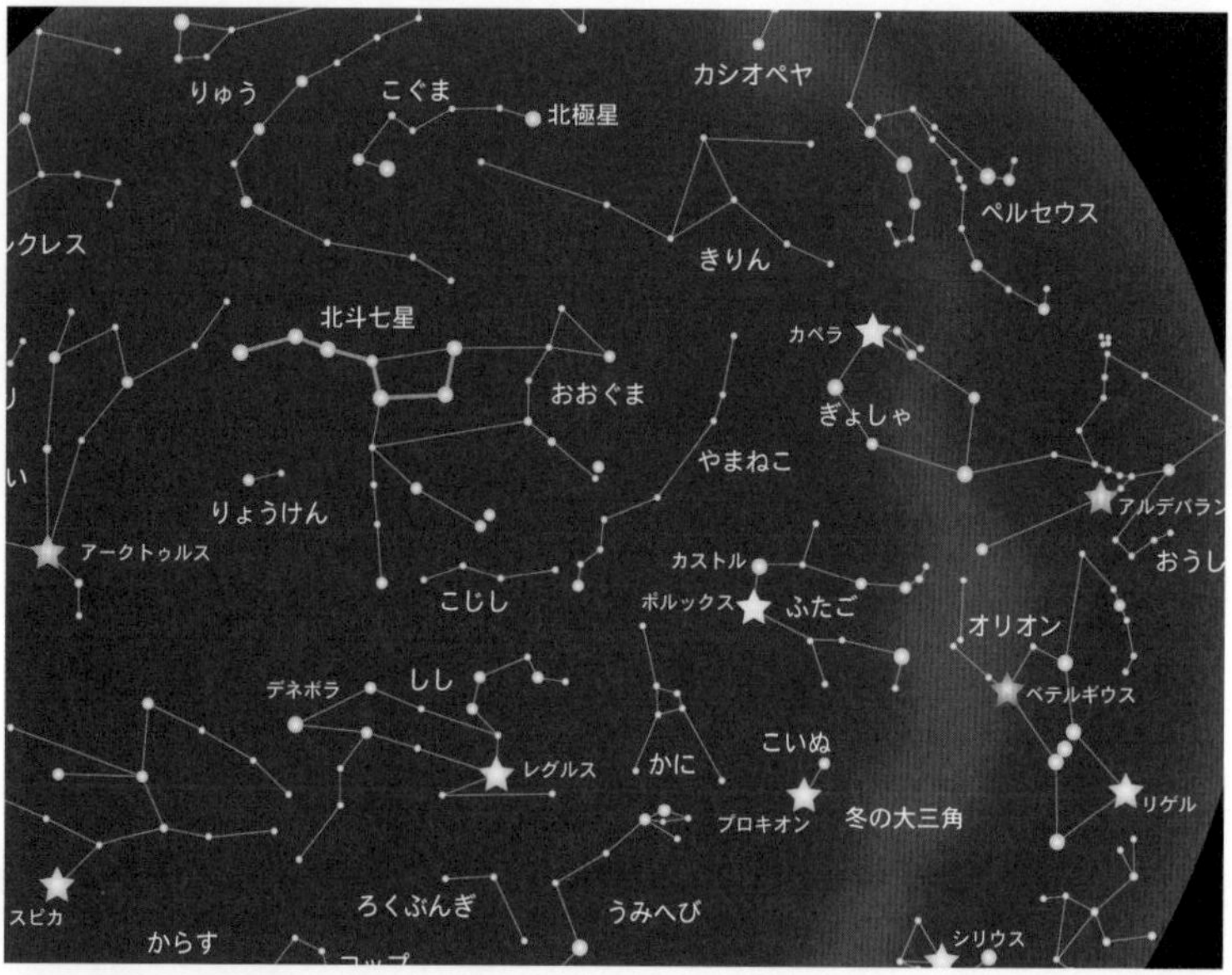

◎夏頃の星座（国立天文台提供）

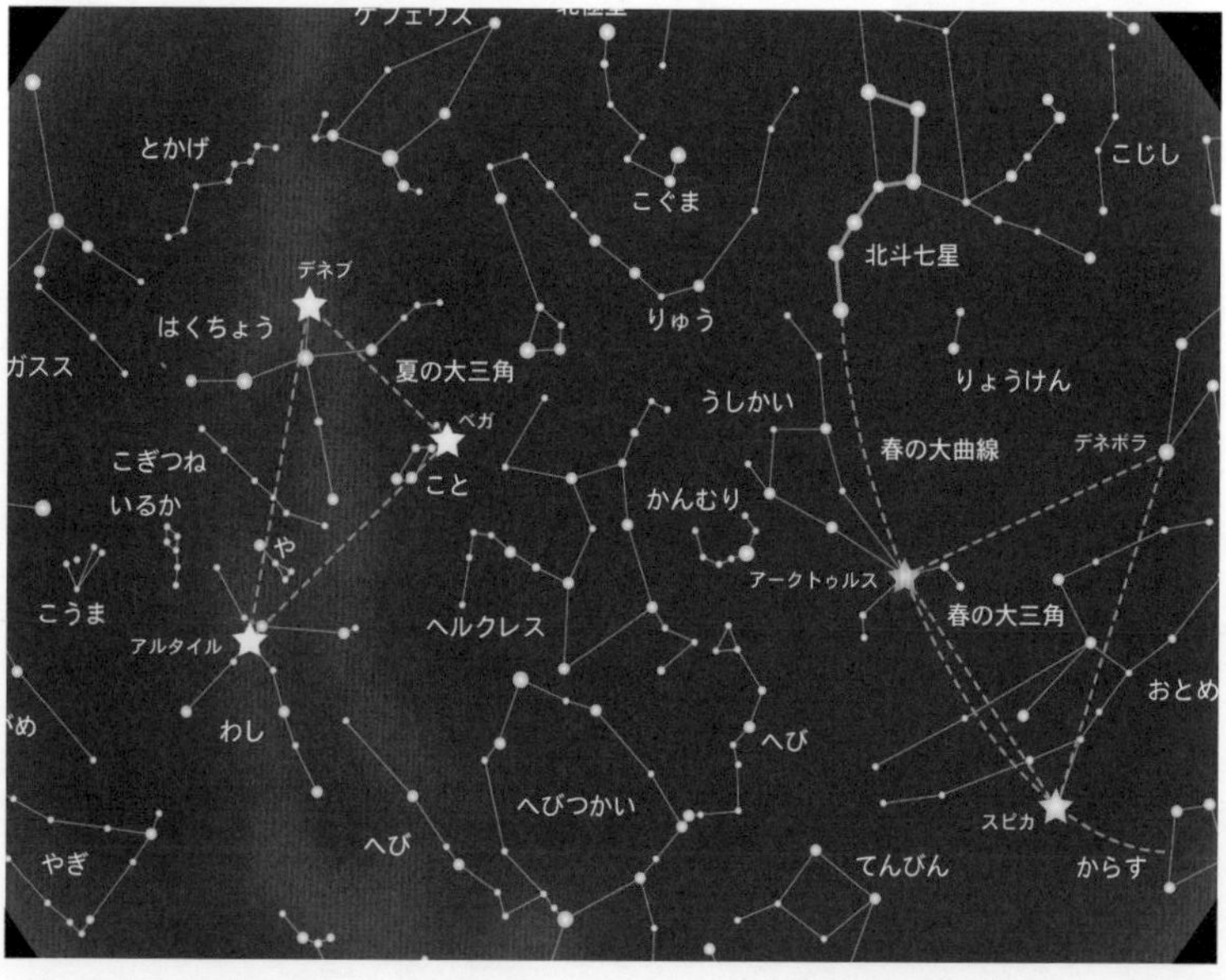

◎秋頃の星座（国立天文台提供）

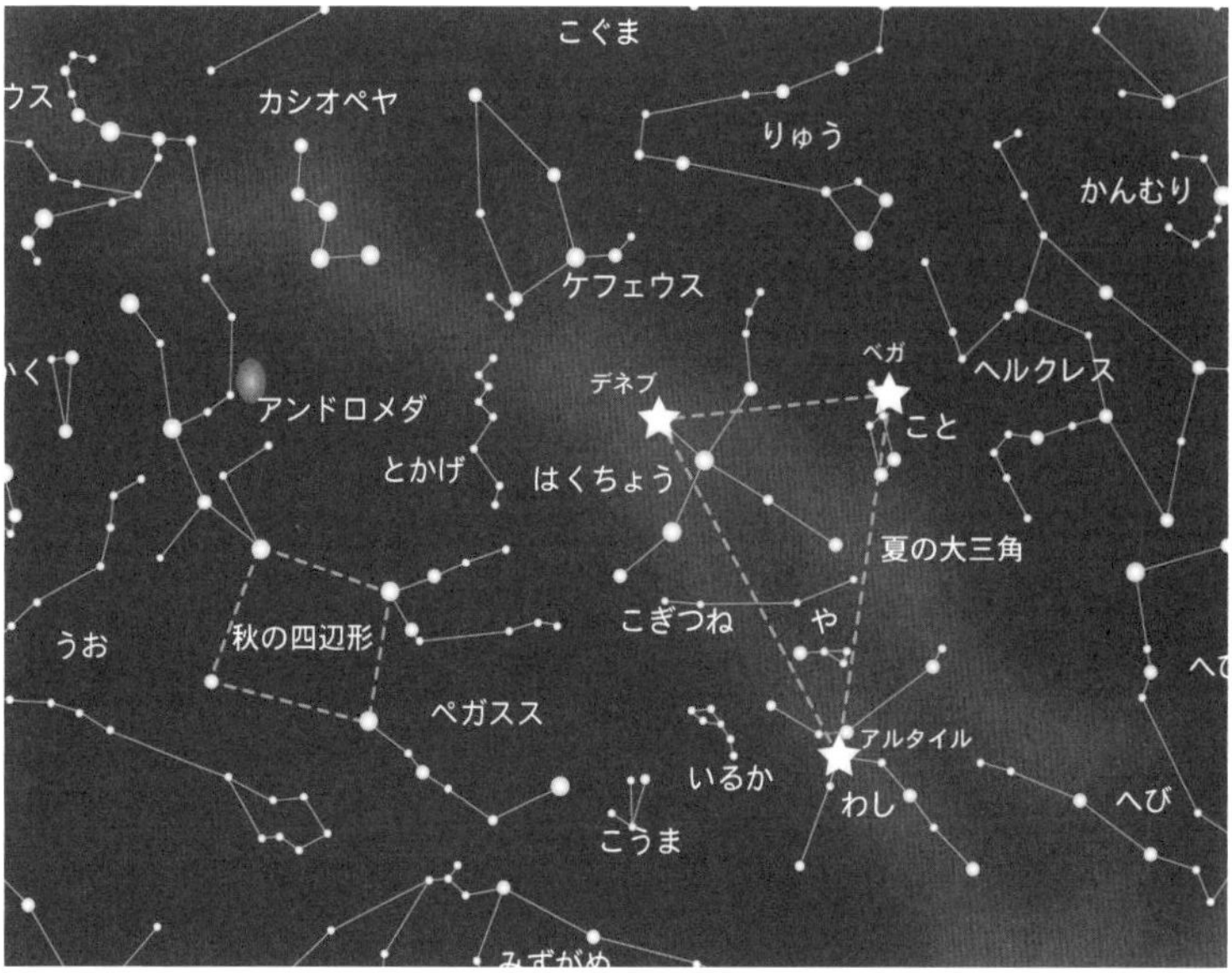

◎冬頃の星座（国立天文台提供）

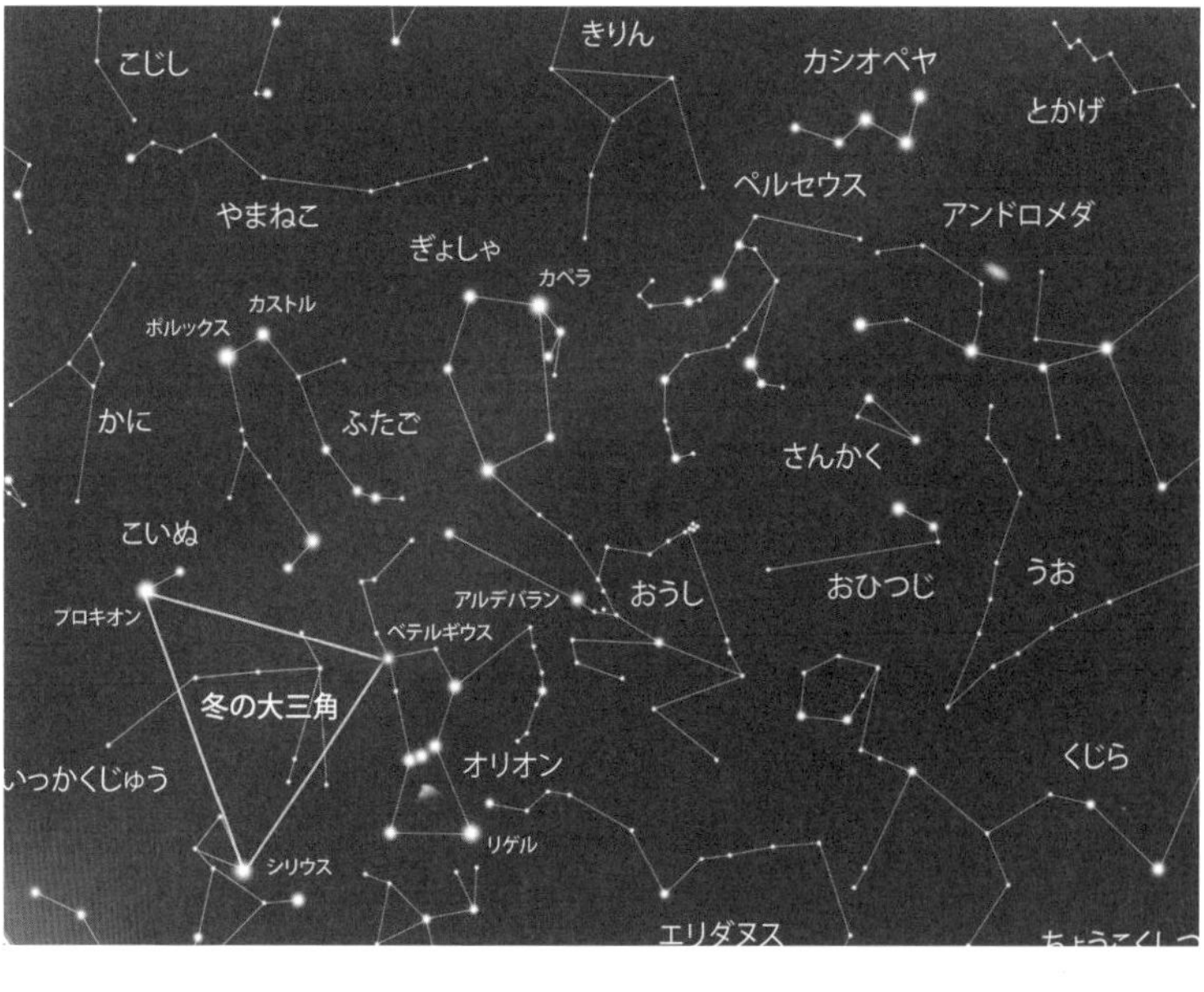

『星空の散歩道　惑星の小径編』

Ⅰ

春

北《ほく》斗《と》七《しち》星《せい》

「夜を帰る　枯野や北斗　鉾《ほこ》立《だ》ちに」（山口誓子《せいし》：1901−1994、俳人）。晩冬から春にかけて北東の地平線から姿を現し、ひしゃくの柄の部分を真っ直ぐにたてながら、次第に空高く上がってくる北斗七星は、とても雄大で、昔から多くの人の心を捉えてきた。

星座としては、北斗七星の7つの星を尾と見立て、周りの暗い星々を加えることで、熊の形に見立てた「おおぐま座」ということになっている。しかし、7つの星の並びの方が明るくて、まとまりがよいために、北斗七星の方が星座名より有名だ。なにしろ、北極星を探す目印として、小学校の教科書に載っているほどなので、知名度が高いのは当然だろう。その形は、水をくむひしゃくだけでなく、ふたつのさいころ（目が3と4を示している）と考えた四三《しそう》の星や、船の〝舵《かじ》〟と見立てた舵星《かじぼし》などとも呼ばれていた。

そんな見事な北斗七星だが、実はその形は次第に崩れつつあるというと、驚く人がいるかもしれない。星座を形作っている恒星は、どれも太陽系にたまたま近いものばかり。電車に乗っ

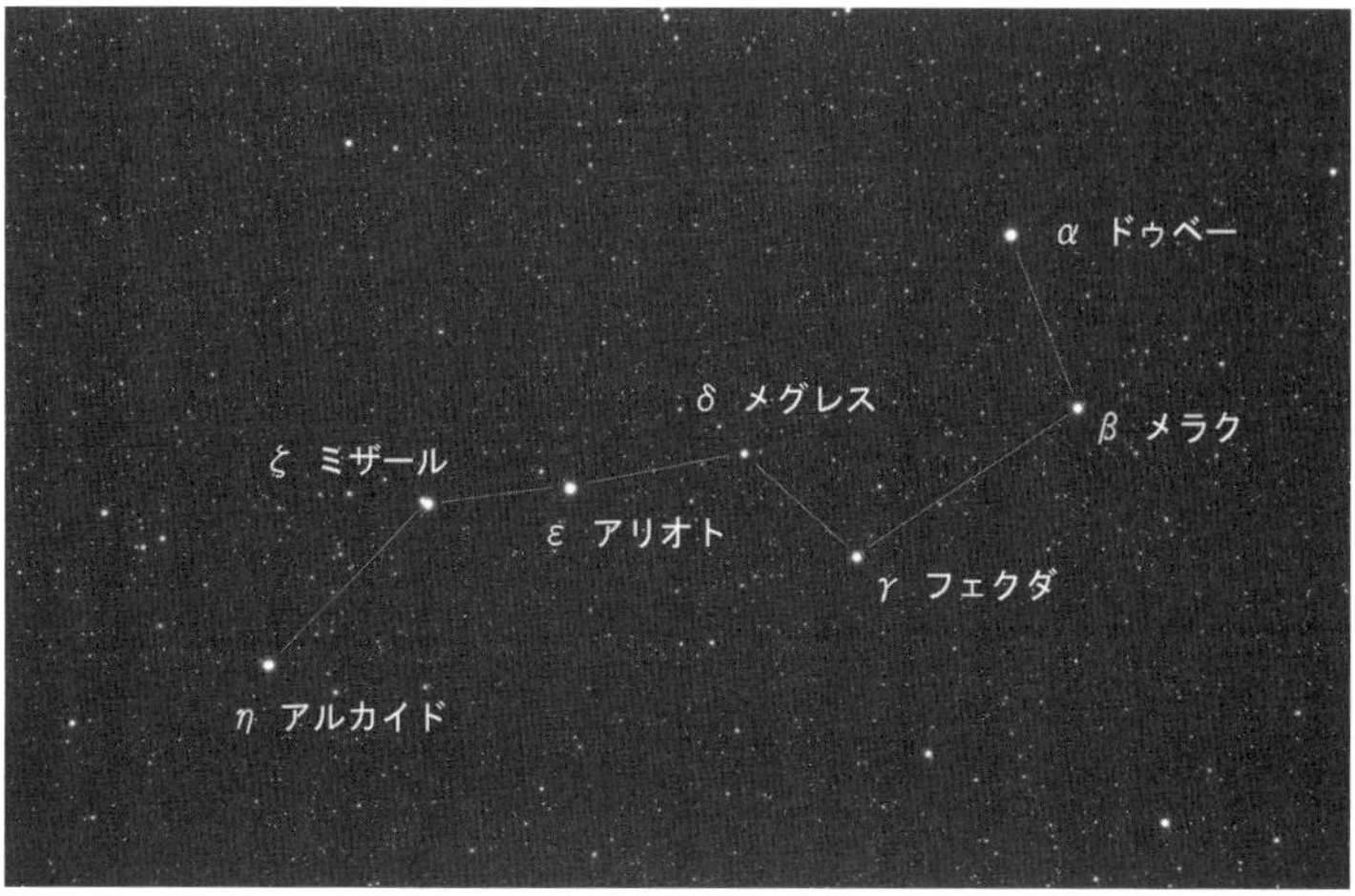

北斗七星（津村光則氏提供）

ていると窓外の景色が移り変わっていくのと同じで、太陽も（また相手の星も）動いているから、地球から見える星座を作る星たちも、どんどん動いていくのだ。なので、数万年もすれば、北斗七星の形も崩れてしまうわけである。こうした恒星の見かけの運動を天文学では固有運動と呼んでいる。

ところで、19世紀の天文学者プロクター（Proctor, Richard：1837－1888、イギリス）が、北斗七星の固有運動を調べてみたところ、7つの星のうち、両端の星を除いて5つの星が、ほぼ同じスピードで、同一方向に動いていることがわかった。これらの5つの星はどうやら兄弟星らしい。実は、星たちはしばしば同一の星雲から一緒にたくさん生まれてくる。生まれた星たちは、しばらくは密集した星の集団、すなわち星団として輝くのだが、もともと同じ雲から生まれてくる

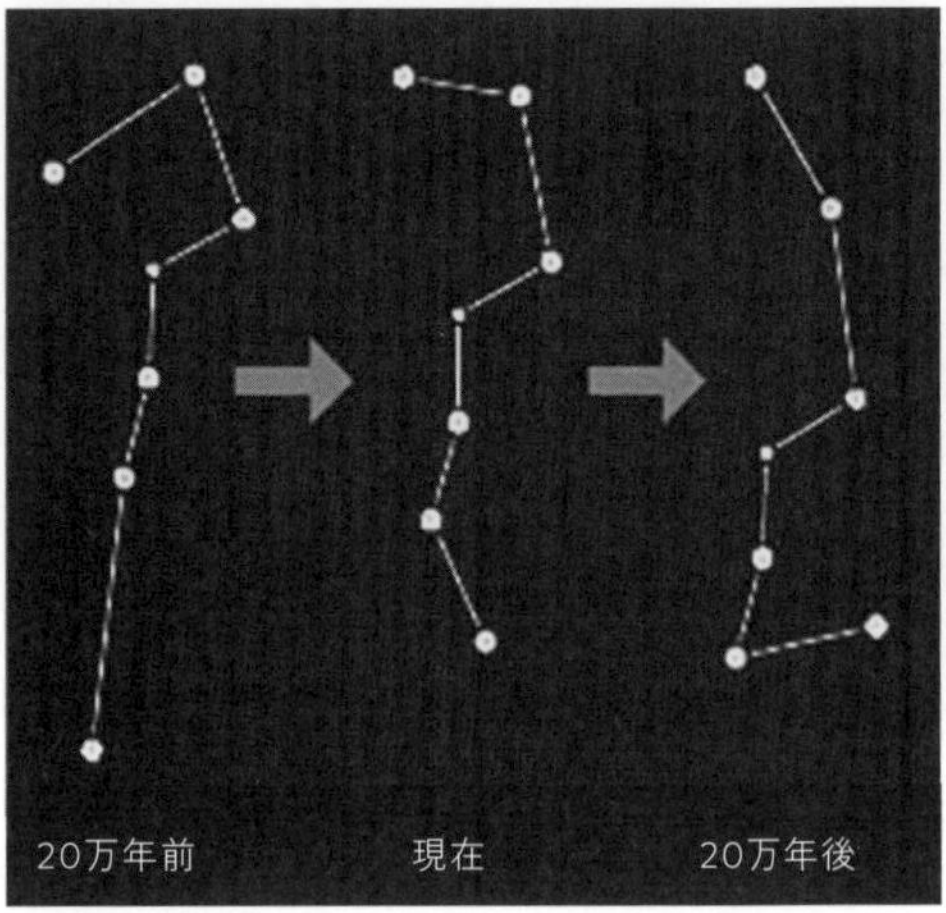

北斗七星の姿

ので、その母親の雲の運動方向に、生まれた星たちも一緒に動いていく。母親である雲が吹き払われると、やがて星たちはスピードや方向のごくわずかな違いによって、次第にまばらになっていく。まるで親から離れて一人立ちしていく子供のように、星団の星たちはバラバラになっていき、いずれは多くの他の星たちに紛れて、兄弟姉妹は全くわからなくなってしまう。北斗七星の真ん中の5つの星は、ちょうどバラバラになりかけの兄弟星ということなのだ。この5つと兄弟を含めて、他にも数十個ある兄弟星は、まとめておおぐま座運動星団と呼ばれている。

いずれにしろ、北斗七星がひしゃくの形に見えるのは、ここ数万年の間だけということになる。たまたまそんな時期に巡り合わせた幸せをかみしめながら、春の夜空を飾る北斗七星を眺めてみてはいかがだろうか。

（Vol.4/2006.3）

春の夜空を彩《いろど》るアーチ ―春の大曲線《だいきょくせん》―

春になると北東から北斗七星が昇ってくる。北斗七星については、前項で詳しく紹介したが、その北斗七星の柄の部分の4つの星たちの並びは緩くカーブしている（21頁図版参照）。そのカーブをそのまま伸ばしてみてほしい。するとオレンジ色の明るい星に行き着く。春を代表するアークトゥルス（またはアークチュウルス）という、うしかい座の1等星である。明るい星がそれほど多くない春の夜空では、ひときわ目立つ星で、暖かなオレンジ色が春にぴったりの星である。日本では、そのオレンジ色がきれいなことから、橙星《だいだいぼし》、あるいは麦踏みの時期に現れるので、麦星などともいわれていた。

初春の時期だと、まだ宵のうちはアークトゥルスが東の空に低いのだが、それでも北斗七星から続くカーブをさらに伸ばしてみてほしい。南よりの空に、こんどは白く輝く星にたどり着く。春の1等星：おとめ座のスピカである。アークトゥルスにやや遅れるように、東南東から昇ってくるスピカの白さは、ウェディングドレスの純白さに通じるところがあって、まさに〝おとめ座〟にふさわしい輝きである。この星の輝きから、逆におとめ座を決めたのではないか、と思えるくらいである。

この北斗七星の柄からアークトゥルスを経て、南東のスピカにたどり着くまでの、大きなアーチを「春の大曲線」と呼んでいる。春の大曲線は夏・冬の大三角と並ぶ夜空の季節の風物詩といえるものである。

春の大曲線のふたつの1等星の色の対照は見事だ。オレンジ色のアークトゥルスと純白の星のスピカ、これらのふたつは海からの贈り物にたとえられて、珊瑚《さんご》星と真珠《しんじゅ》星と呼ばれている。スピカを真珠星と命名したのは、星についての造詣が深い英文学者・野尻抱影《ほうえい》（１８８５－１９７７）であった。（ちなみに野尻は、冥王星という和名を提案したことでも知られている。）これに対して、アークトゥルスに珊瑚星という名称を与えたのは、アマチュア天文界に大きく貢献した天文学者、山本一清《いっせい》（１８８９－１９５９）である。できれば春の海辺で、これらふたつの星の輝きを眺めてみたいものである。

星に色の違いがあるのは、実は個性のひとつで、星の温度によって決まる。例えば、すでに西空に傾いた冬の星座であるオリオン座には色の異なるふたつの1等星がある。冷え切った冬空で見ていると、青白いリゲルの方が冷たく、赤いベテルギウスの方が暖かく感じるものだ。だが、そういった感覚とは全く逆に、実は青白い星は温度が高く、赤い星は温度が低いのである。

星の光は太陽と同じように星の表面から発している。つまり、暖められたガスが、その温度に応じた色合いを見せているのである。太陽のような星は、黄色がかった白色に見えるが、もっと高温の星では青白くなる。逆に温度が低くなるにつれ、黄色からオレンジ色、さらに赤色へと変化していく。たとえば、ちょうど電熱線（ニクロム線）がむき出しになった電熱器やオーブントースターを考えるとよい。スイッチを入れたばかりのときには、まだニクロム線が温まっておらず、光を発していない。しかし、時間とともに温度が上がっていくと、ほんのりと赤く光り出す。だんだんと温度が上がるにつれ、鈍い赤色からオレンジ色に変わっていく。通常の電熱器では、そこまでにはならない設計になっているが、さらに過度に電流を流すと、ぎらぎらと明るくなっていくと同時に色も次第に白っぽく変わっていく。普通はこのあたりで電熱線が焼き切れるので、地上の実験ではここまでだが、原理的にはもっと高温になると青く輝くようになるのである。

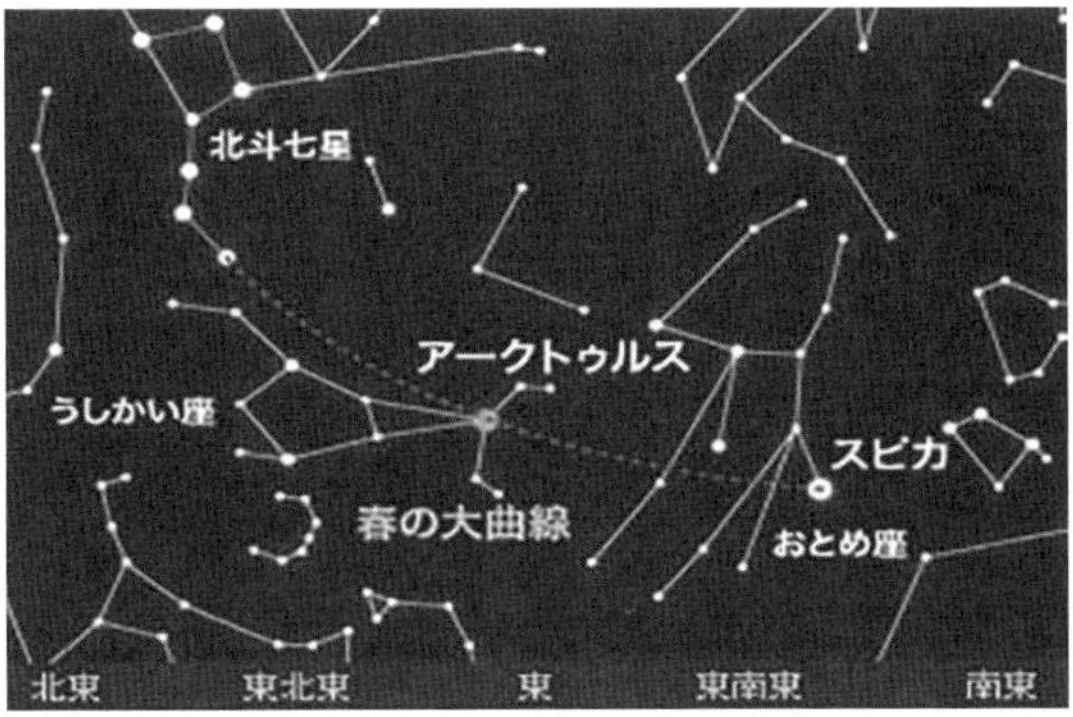

春の大曲線（3月中旬21時頃、東京）（ステラナビゲーター／アストロアーツ）

この種の光は物体の種類にかかわらず発せられ、その色合いは物体の「温度」だけで決まる。星の色もこれと同じ原理で、赤い星は表面の温度がせいぜい2～3000度、太陽のようにオレンジ色から黄色の星は5～6000度、そして白から青白い色の星は1万度から数万度にも達している。ちなみにアークトゥルスの温度は5000度程度、スピカは2万度を超えている。

春の大曲線は、春先だと21時過ぎには姿を現しているので、ぜひ色の異なる1等星が作るアーチを眺めてみてほしい。

（Vol.16/2007.3）

うみへび座《ざ》 ひねもすのたりのたりかな

江戸時代中期の有名な俳人、与謝蕪村《よさぶそん》（1716－1784）の句に、「春の海 ひねもすのたりのたり哉」というのがある。春の穏やかな海の様子を描写した名句として、みなさんも一度は聞いたことがあるに違いない。ひねもす、というのは朝から夕刻まで一日中という意味である。春になると気温が上がって、冬に比べて過ごしやすい気候になる。場所にもよるが、一般には風も穏やかになって、海辺で日がな一日ぼーっとしていても気持ちがよい。この句には、そんな状況が込められているのだろう。

ところで、夜空の方も春はなんとなく霞《かす》んで、ぼーっとしている。気温が上がったせいで、水蒸気量が増えるだけでなく、西日本では黄砂の影響もあって、空全体に透明度が悪くなる。だが、真冬のように寒くはないので、夜空をぼんやりと眺めることも、それほど苦ではなくなってくる。そんな春の夜空には、「のたりのたり」にぴったりの星座が横たわっているのをご存じだろうか。南の空を東西に横切るうみへび座である。この星座は、なにしろ長い。その頭が東の空から昇ってきて、しっぽの先が現れるまでに、なんと7時間もかかる長大な星座である。4月頃だと、暗くなった頃に頭の部分がちょうど真南にあり、日周運動に従って、そのままのたりのたりと西へ動いていくのだが、しっぽの先が見えなくなる前には、もう夜が明けてしまうほどである。星座の数は全天で88個あるのだが、その中でも、うみへび座は最も面積の大きな星座である。ちなみに面積順でいえば、第2位がおとめ座、第3位には北天の北斗七星を含むおおぐま座がランクインしている。どれも春の星座なのは偶然ではないのかもしれない。(蛇足だが、もっとも面積の小さい星座は、南天の十字架をかたどった、みなみじゅうじ座である。)

ギリシア神話では、うみへび座は女神ヘーラが育て上げた怪物で、アミモーネの沼に住む9つの頭をもつ海蛇ということになっている。この怪物は勇者ヘラクレスが挑んだ12の大冒険の2番目に登場する。ヘラクレスとの戦いは壮絶を極めたという。なにしろ、首を切っても切っても次々に生えてくるからである。口から毒を吐き出し、しきりにヘラクレスを苦しめたという。そこで、ヘラクレスは戦術を変えた。甥のイオラーオスに助力を求め、海蛇の首を切り落としたら、彼にすぐに火で焼くように指示したのである。これが功を奏し、焼かれたところからは新しい首は生えてこなかった。そして、最後にひとつの首を残して、大きな岩を投げつけて、閉じこめてしまったのである。

ところで、海蛇という怪物の神話ながら、心温まる逸話も残されている。この戦いの最中、同

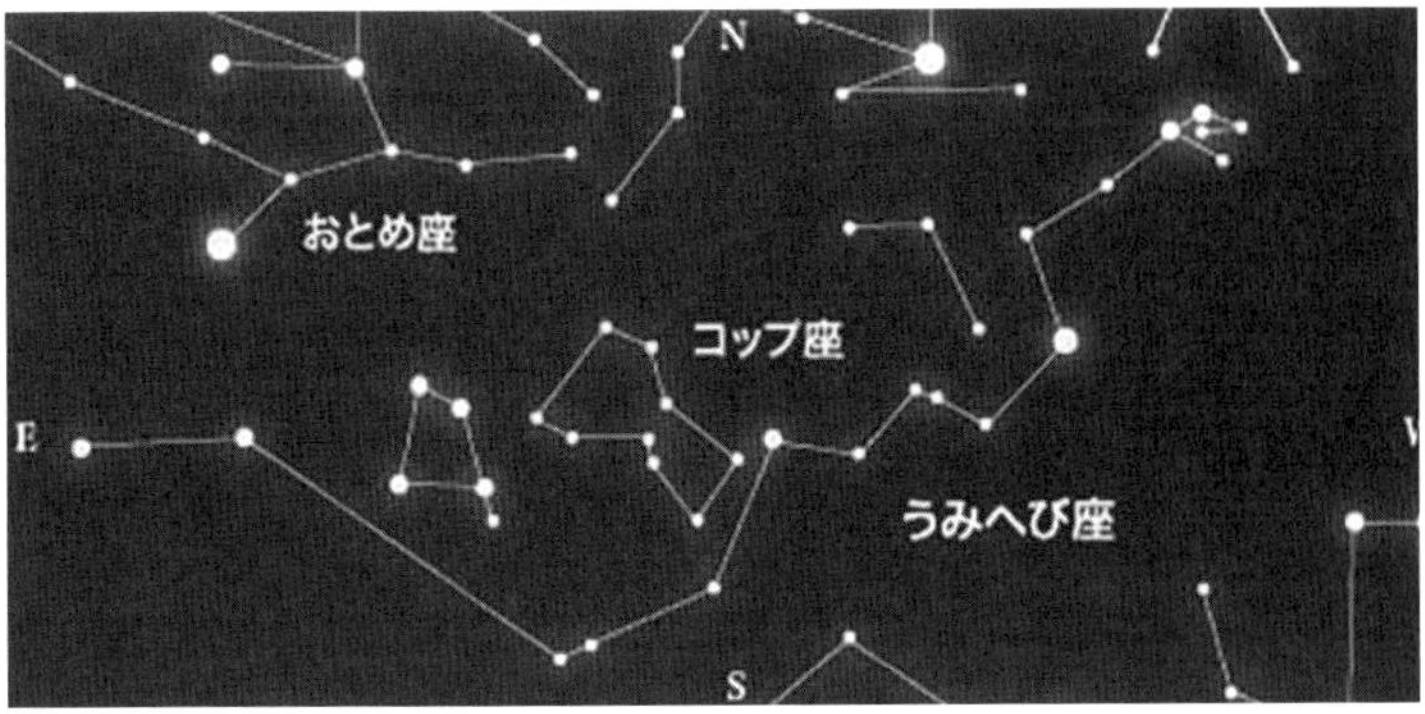

真ん中に横たわっているのがうみへび座（ステラナビゲータ/アストロアーツ）

じアミモーネの池に住んでいた化け蟹が、友人である海蛇を助けようと、ヘラクレスの足につかみかかったというのだ。しかし、はさみしか武器のない蟹のこと、ヘラクレスに造作なくつぶされてしまったという。この様子を見た女神ヘーラは、化け蟹と海蛇の友情を讃えて、一緒に天に上げて星座にした、といわれている。こうして、かに座はうみへび座の頭部のちょうど真北で、春の夜空で仲良く隣合って輝いているというわけである。

　春の夜空を、東西に横切っているうみへび座を眺めていると、その長大さに、おもわず「ひねもす　のたりのたり哉」という蕪村の句が思い浮かぶ。ただ、実際に星を結んでいくのは、なかなか難しい。面積が大きく、東西に長いことに加えて、暗い星が多いため、なかなか星をつなぎにくいのである。星がよく見えないところでは、〝ぶつ切り〟になってしまうのだ。その星座の中で最も明るいアルファ星*、アルファドというオレンジ色に輝く2等星は「孤独な星」という意味で、近くには特に目立つ星はない。しし座の1等星レグルスを空高いところで探してみよう。その明るい1等星から南の地平線に目を落としていくと、ぽつんと光るアルファドを探し出すことができる。アルファドから西へは、かに座の南にあるいくつかの星が集まったところへ、東へはからす座などの星座の下あたりの暗い星々へとつながっていく。空の暗いところで、こういった星々をつなぐことができれば、ゆったりと春の夜空に横たわるうみへびの長さに驚くに違いない。ぜひ、この星座の長さを楽しんでみてほしい。

（Vol.29/2008.4）

＊星座は明るい方からギリシャ文字の順で、アルファ座、ベータ星、ガンマ星、デルタ星……と呼ぶ。

西を向く夜空の動物たち

前項では、春の夜空をのたりのたりと西へ向かううみへび座を紹介したが、春の星座には大型の猛獣や動物が多いのをご存じだろうか。それらが一斉に西の地平線をめざし、ゆったりと動いていく。星の配列をたどって、それらの星座を想像すると、さながらサファリパークのような、壮観な眺めである。

ナイト・サファリの中心は、なんといっても百獣の王ライオンである、しし座である。やや南西の方向を眺めると、そこに明るい星が輝いているのに気づくだろう。しし座の1等星レグルスを見つければ、そこを起点として、いくつかの星がクエスチョンマークを逆向きにしたように、北の方へと並んでいるのがわかるはずである。この特徴的なカーブを、草刈りに用いる鎌に見立てて、「ししの大鎌」と呼んでいる。鎌の部分は、ししの頭部で、その東側に胴体がある。つまり、ライオンは沈んでいく西を向いている（29頁図版参照）。

ところで、かすかな星が見えるような暗い場所でないとわからないが、このしし座の背中には、小さなライオン：こじし座という星座がのっている（次頁図版、しし座の右）。最も明るい星でも4等星なので、市街地では、その影も形も見えないのだが、やはり星座の形としては親と同じく、西向きに描かれている。

こじし座のお隣、北西の方向を眺めると、そこには北斗七星が輝いているはずである。7つの星の並びは、これも大きな猛獣である熊をかたどった、おおぐま座の一部である。北斗七星は、熊のやや長い尾にあたり、ひしゃくの部分が胴体、その先にあるやや暗めの星を気をつけてたどってみると、三角形をした頭部を想像することができる。この熊も、ししの親子と同じように真っ逆さまに沈んでいくように西を向いている。

おおぐまのあとを追っているのが、りょうけん座。お隣のうしかい座に操られる2匹の犬の星座である。最も明るい星はコル・カロリという3等星で、これだけはなんとか見える事が多いが、とても星をたどって犬の形を想像するのは難しい。だが、星座絵では、2匹の犬とも、やはり西向きに描かれている。また、おおぐま座の西側、熊よりも先に沈もうとしている場所には、こちらも暗い星ばかりで星座をたどるのはほとんど困難な星座：やまねこ座があり、これも西を向いている。このあたりだけに限っても、犬、山猫、ライオン、熊と4種類6匹の動物がすべて西をめざしているのである。前項で紹介したうみへび座、さらにその背中にのったからす座、少し季節はずれになるが、すでに西の地平線に沈みかけている冬の星座の中の、お

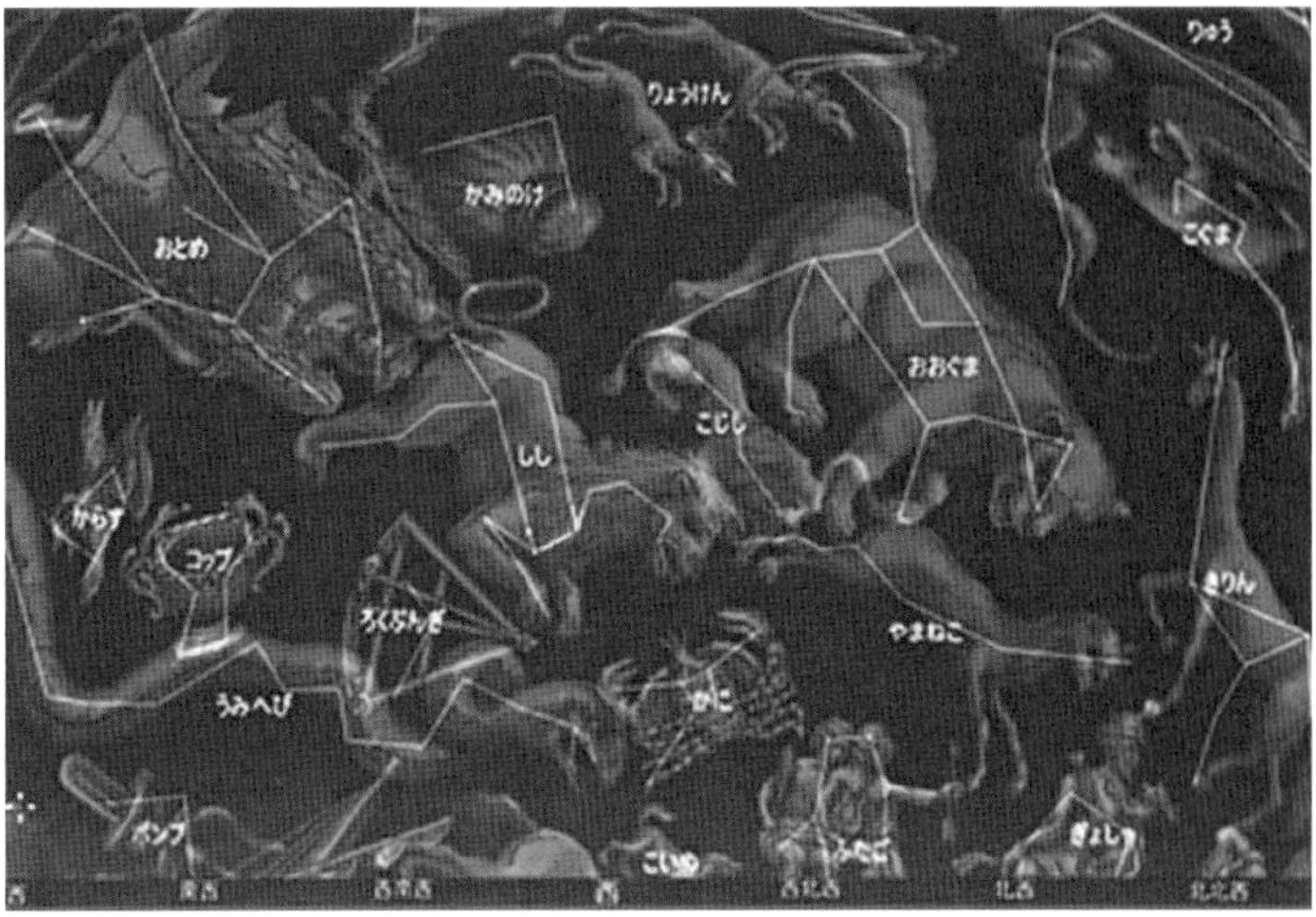

しし座（中心よりやや左）やおおぐま座など、動物たちが西に向かって動いている（ステラナビゲータ/アストロアーツ）

おいぬ座やこいぬ座、いっかくじゅう座も西向き。東から昇ってくる夏の星座のさそり座も西向きである。いったい、これらの星座は、どうしてみな西を向いているのだろうか？

　星々は夜空を東から西に移動するように見える。日周運動とよばれるもので、地球が西から東へ自転しているためにおこる見かけの動きである。夜空を見上げて星座を考えはじめた人たちも、当然ながら日周運動を意識していたはずだ。そのため、動物などを星々の形にあてはめるとき、日周運動の進行方向である西向きにしたのではなかろうか。人間でも4人がけのボックス型の座席のある電車に乗るとき、がらがらであれば、電車の進行方向を正面に向いて座ることが多いはずだ。おそらく、これと同じなのだろう。もちろん、例外もある。冬の星座のひとつ、おうし座は東向きなのである。しかし、これにはおそらく他の理由があると考えられる。おうし座の配列を作る星は、みな明るく、あまりにも見事に東向きの「牛の顔」を想像できたため、無理に西向きの星座を考えることができなかったか、あるいはもともと狩人オリオンに挑みかかる関係で、向きを反対にせざるを得なかったかのどちらかだろう。

そんなことを考えながら、星座をたどってみるのも楽しいものである。春の夜には、いながらにして空を眺め、ナイト・サファリパークのさまざまな動物たちを探してみてはいかがだろうか。

（Vol.30／2008.5）

ウルトラマンのふるさと

日本の生み出した永遠のヒーロー、ウルトラマンは宇宙からやってきたことになっている。どこからやってきたかといえば、それはM78星雲と答えられる人は、かなりの通、あるいはそれなりの年齢の人であろう。

このM78星雲が実在することをご存じだろうか。M78星雲のMはメシエと読む。18世紀のフランスの天文学者シャルル・メシエ（1730－1817）が編んだ星雲状天体のカタログ‥メシエカタログの番号になっている。M78星雲は、このカタログの78番目に登録された天体で、実在している。場所は春には西に傾きはじめたオリオン座にある。

オリオン座は数多くの美しい星雲がある星座で、この領域全体のところどころにある濃いガスの雲の中で次々と星が生まれている。誕生まもない星たちは、まだガス星雲の産着《うぶぎ》に包まれていて、次第にそのガスを光らせるようになる。そのために、オリオン座には、こうした星雲があちこちにあるわけだ。最も有名な星雲は、三つ星の下に光るオリオン大星雲M42だが、これは「青白き若き星たち－冬空に輝く王者オリオン－」（151頁）に紹介している。

このM42から北東の方角、三つ星の最も東側の星から、すこし北側にウルトラマンの故郷とされるM78はある。地球からの距離は約1600光年、明るさは約8等で、肉眼では見えないが、空のきれいな場所で双眼鏡や望遠鏡を使えば、実際に眺めることは可能である。大きめの望遠鏡では、中央に光るふたつの青い色をした赤ちゃん星の周りに、ぼーっと輝いているガスの様子を見ることができる。もちろん、紫外線の強いガス星雲なので実際には生命が住める環境ではない。

筆者は昔から、どうしてこんなちっぽけな星雲がウルトラマンの故郷になったのか、不思議だった。とりたてて何の特徴もないし、天文ファンでさえ、あまり好んで見ようとするものではない。いってみれば無名の星雲である。メシエ天体の中から、同じ種類の星雲を選ぶとすれば、オリオン大星雲M42のほうがずっとよかったはずである。どうして、こんな何でもない天体を選んだのか、ずっと疑問だったのである。

その謎を解く鍵は、春の星座、おとめ座にあった。おとめ座は、われわれから最も近いおとめ座銀河団と呼ばれる銀河の集団がある。その数も規模も半端ではなく、われわれの銀河系が属する集団がせいぜい50個に満たない局部銀河群であるのに対して、おとめ座銀河団は優に千個を超える。まさに銀河の宝庫であり、その研究には欠かせないフィールドになっている。お

M78星雲（国立天文台提供）

とめ座銀河団の中心にどーんと居座っている巨大な楕円銀河がＭ87である。通常の渦巻銀河が10個以上も集まったような巨大な銀河で、非常に強い電波やＸ線が放射されていることも異常であった。もともと普通の楕円銀河の中にはほとんどガスや塵がなく、比較的古い星ばかりなので、密度が薄くすかすかなはずである。そんなすかすかな銀河の中から、どうして強い電波が出るのか、かつてはたいへんに不思議だった。（ちなみに現在では、楕円銀河が周りの銀河を次々と飲み込んで、その中心にある巨大なブラックホールに物質が吸い込まれるときに強い電波やＸ線が発生すると考えられている。）

そんなわけで、当時かなり話題になった特殊な銀河であるＭ87をウルトラマンの故郷にしようと、生みの親である円谷英二《つぶらやえいじ》監督は考えたらしい。当時は銀河も一般に星雲といっていたので、M87星雲がウルトラマンの故郷に決まったのである。ところが、ウルトラマンの最初の企画の中では、M87だったものが、その後の台本の印刷段階のミスによって、7と8の数字がひっくり返り、M78になってしまったらしい。おかげで、なんの特徴もないM78星雲の方が有名になってしまったわけである。

もっともその距離からいえば、M87は6000万光年、M78は1600光年なので、ウルトラマンが実際にやってくるとすれば、M78の方が現実味はあるといえるかもしれない。

（Vol.40/2009.3）

春の夜空に輝くからす

春、桜が咲く頃になると、夜空にも春を感じさせる星々が彩りを添えるようになる。東からはオレンジ色に輝くうしかい座の1等星アークトゥルスが、南東からは純白に輝くおとめ座のスピカが昇ってくる。北斗七星の柄の部分から、これらの1等星を結ぶ曲線が、19頁でも紹介した春の夜空のランドマーク：春の大曲線である。(『春の夜空を彩るアーチ －春の大曲線－』参照)

だが筆者は、スピカを超えて、この壮大なアーチをのばしたところにある小さな星座：からす座を眺めたときの方が、春になったなぁと感じる。からす座は、のたりのたりと春の夜空を横切っているうみへび座（『うみへび座　ひねもすのたりのたりかな』23頁参照）の上にのっている星座のひとつである。

からす座に属する星たちは、すべて3等星よりも暗い。その意味では、本来は目立たないはずなのだが、4つのほぼ同じ明るさの星がこぢんまりとした台形を作っていて、しかも、台形の底

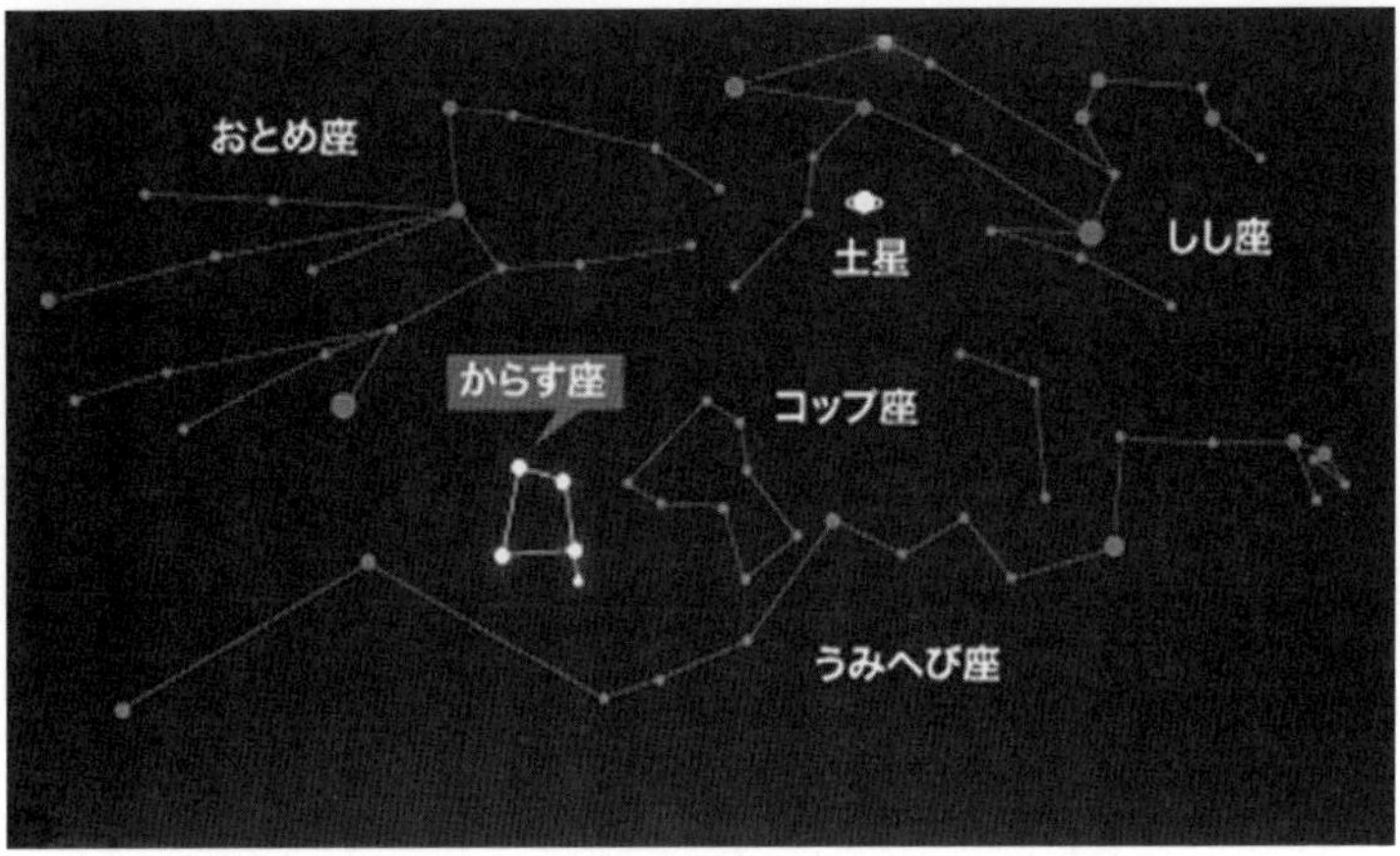

長いうみへび座のうえに、こぢんまりと台形を形作っているからす座
（ステラナビゲータ/アストロアーツ）

辺の方が広く、安定感のあるコンパクトさからか、実に際だっている。一度覚えてしまうと、不思議に目につく星座である。そのせいもあって、昔からよく知られていて、2世紀頃の天文学者プトレマイオスが集大成した48星座のひとつとなっている。日本では広い地域で「よつぼし」と呼ばれており、能登《のと》では帆船《はんせん》の帆《ほ》に見立てて「帆かけ星」といったりしていたようである。関東の奥多摩地方では、むじなの皮を張った形に見立てていた。冬の夜明け前に、この星が出ると、「かわはりが出た」といって、起床の目印にしていたようだ。

夜空の中でも南の空にあこがれをもつのは、私自身が東北生まれのせいかもしれないのだが、春になると、まずこのからす座を南の空に真っ先に探すのが習慣になっている。ただ、昔から均整のとれた台形の星の配置が、どうして「からす」なのだろうと、ずっと不思議であった。

実は、その謎はギリシア神話に隠されていた。もともと、このからすは太陽神アポロンに仕える人間の言葉を話す銀色の翼をもつ美しい鳥であった。アポロンは音楽や医学も司どる、たいへん忙しい神様で、自分の妻コロニスになかなか会えないほどだった。そのため、アポロンは、このからすに妻コロニスの様子を伝える役目を負わせていた。

ある日、好奇心旺盛なからすが道草をして帰りが遅くなった。アポロンはからすを叱りつけ、帰りが遅れた理由を聞いたところ、「コロニスが浮気をしていたので、それを報告しようかどうか、迷ってしまって遅くなった」と嘘をついてしまったのである。この嘘のため、アポロンは妻コロニスを誤って殺してしまう。しかし、後に真相を知ったアポロンは激怒して、すべてのからすから人間の言葉を話す能力を奪い、しかも美しい羽もすべて黒色に染めたという。また、挙げ句の果てに嘘をついたからすを夜空に磔《はりつけ》にしてしまったのである。4つの台形を形作る星は、そのとき、からすを夜空に固定した銀の釘なのであった。まさに闇夜のからすの言葉どおりで、からすの形が想像できないわけである。皆さんも、春の夜空にぜひからす座の姿を探してみてほしい。

（Vol.41/2009.4）

みずがめ座エータ流星群を眺《なが》めよう

ゴールデンウィークは都会を離れ、旅行に行く機会もあると思うので、月明かり・街明かりのない春の星空を眺めてほしい。

春先、深夜にはすでに夏の星座たちが見えはじめる。東には夏の大三角が昇ってくるし、南にはさそり座が雄大なS字カーブを描いて輝いている。深夜2時頃には、夏の天の川の最も濃い部分、いて座が南中を迎える。街明かりのないところであれば、天の川を眺めることができるだろう。深夜2時を過ぎると、東からは秋の星座が昇ってくる。夏の大三角の真下、東の地平線から現れるのが、秋の四辺形であるペガスス座や、みずがめ座といった秋の星座である。

特に、連休の後半には、このみずがめ座に注目したい。この星座に放射点をもつ流星群が活動するからだ。みずがめ座エータ（η）流星群である。条件さえ良ければ1時間に数十個程度の流れ星を数えることができる。流星というのは、満天の星空のもとであれば、ものの10分も眺めていれば必ず目にすることができる。こういったランダムに出現する流星を散在流星《さんざいりゅうせい》と

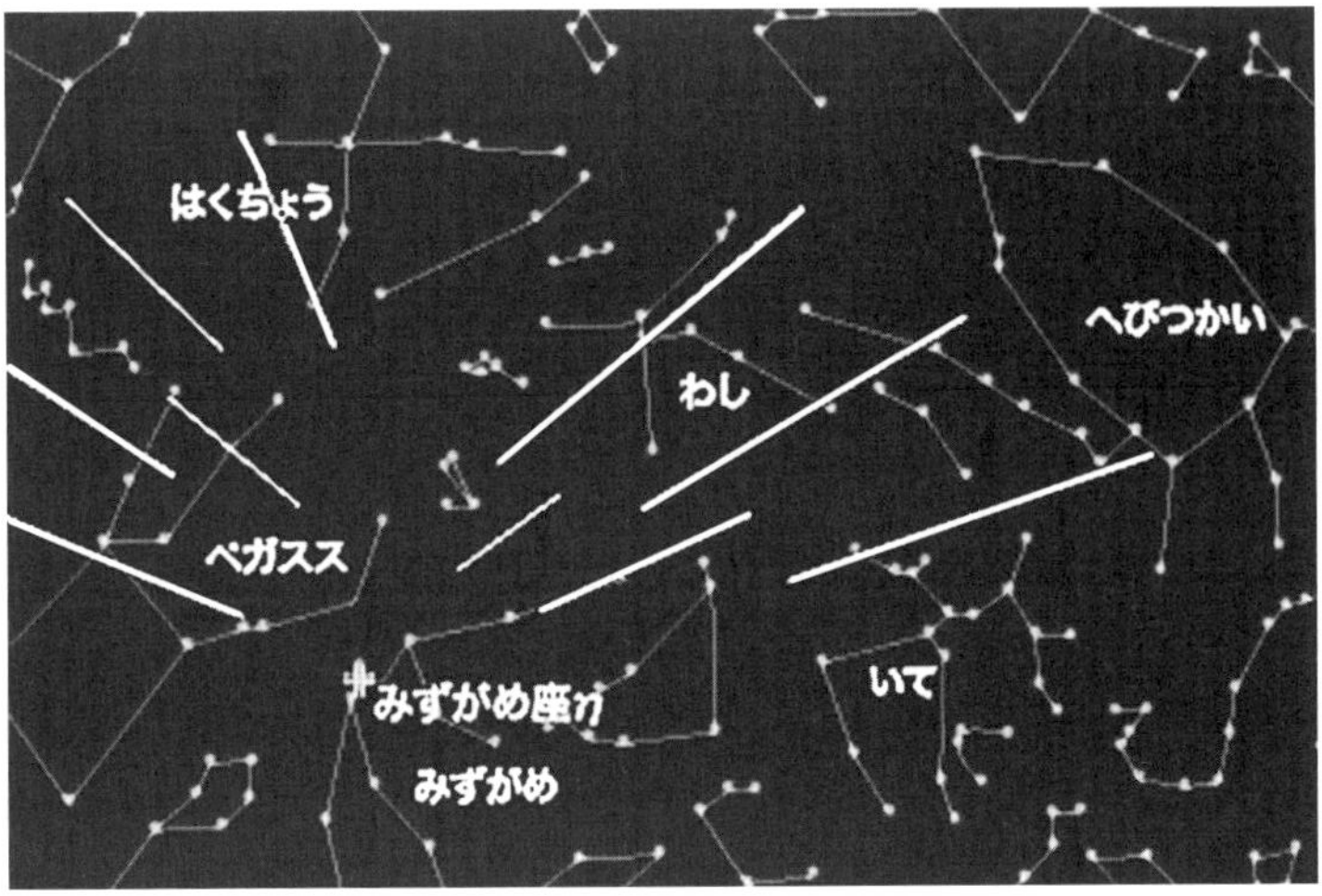

5月6日午前3時頃の東京の空。みずがめ座流星群が見頃となる
（ステラナビゲータ/アストロアーツ）

呼んでいる。一方、特定の時期に、集中して流星が見られることがある。いわゆる流星群である。実は、規模が小さなものまで含めると、流星群は数百を超えるほど存在するのだが、今夜は流星が多いなぁ、と思えるほどの出現を示す流星群は数えるほどしかない。三大流星群と呼ばれているのが1月初めのしぶんぎ座流星群、8月中旬のペルセウス座流星群、それに12月中旬のふたご座流星群である。これらの流星群は、条件さえ良ければ1時間あたり50個を超える流星を数えることも珍しくない。三大流星群は、ほぼ毎年のように出現する。

みずがめ座エータ流星群は、三大流星群には及ばない、やや規模は小さい流星群なのだが、これは日本での話。オーストラリアなどの南半球に行くと、その流星数は倍増するのである。これは放射点がみずがめ座という、やや南天の星座にあり、明け方に昇ってくるために、日本から見ると地平高度が低いが、南半球では高いからである。

放射点というのは流れ星になる砂粒が地球に突入する方向なので、それが観察する場所から見て、どちらになるかが重要である。真上にあるような場合は、流星は真上から降ってくることになり、たくさん見える。放射点が地平線に近いほど、つまり高度が低ければ低いほど、夜空の単位面積あたりに出現する流星の数が減ってしまうのである。オーストラリアで1時間に50個見えても、日本では半分以下になってしまうのである。

とはいえ、明け方に近づけば近づくほど放射点の高度も上がり、なんとか流星群らしい活動を見せる。しかも休みの取りやすい連休に活動するので、天文ファンにとっては馴染みの流星群である。みずがめ座エータ流星群の母親は、実は10月に出現するオリオン座流星群と同じ、ハレー彗星である。ハレー彗星は、地球の軌道と2ヶ所で近づいているために、ほぼ半年をおいて2度出現するのである。つまりオリオン座流星群とみずがめ座エータ流星群は、同じ母親をもつ兄弟といっても良い。どちらもスピードが速く、明るく輝く流星が多いので迫力がある。

ところで、流星を眺めるのに、その星座を探したり、その星座の方向を見つめる必要は全くない。流星は全天のどこにでも出現するからである。放射点から流星が全天に流れ出すように見えるので、むしろ離れた方向、つまり西や南を眺めていた方が、流星の軌跡は長くなり、迫力がある姿を楽しめる。

みずがめ座エータ流星群の活動は連休の後半、3日頃から目立ちはじめ、5日から6日頃に極大（最も活発になる）となる。年によっては6日明け方、そして7日の明け方が最も流星数が多くなることもある。6日は通常は平日なので仕事や学校が有るときにはちょっと厳しいが、晴れれば明け方にみずがめ座エータ流星群の流星を眺めてみてほしい。

（Vol.65/2011. 4.25）

織《おり》姫《ひめ》星《ぼし》から降り注ぐ流星群を眺めよう

4月には毎年のように起こる天文現象がある。4月こと座流星群である。いわゆる三大流星群ほどは派手に出現しない流星群なので、その知名度はかなり低いものの、天文ファンの中では有名な部類かもしれない。流星ファンにとっては、1月上旬のしぶんぎ座流星群から、この4月こと座流星群までの期間、目立った流星群がないこともあり、待ち遠しい気持ちが先に立って、ついつい見に行ってしまう流星群である。ちょうど放射点(属する流星が、放射状に飛び出すように見える天球上の一点)が、こと座の1等星ベガ(織姫星)の近くにあるので、わかりやすい流星群といえるだろう。活動期間は4月後半で、極大日は4月22日から23日である。年にもよるが、22日や23日の明け方にもっとも多くの流星が出現する。

ただ、その数は三大流星群ほどは期待できない。条件が良いところでも、1時間に10個を数えられれば、良い方だろう。

この流星群は、しばしば突発的に流星数が増えるという特徴がある。いってみればかなり気ま

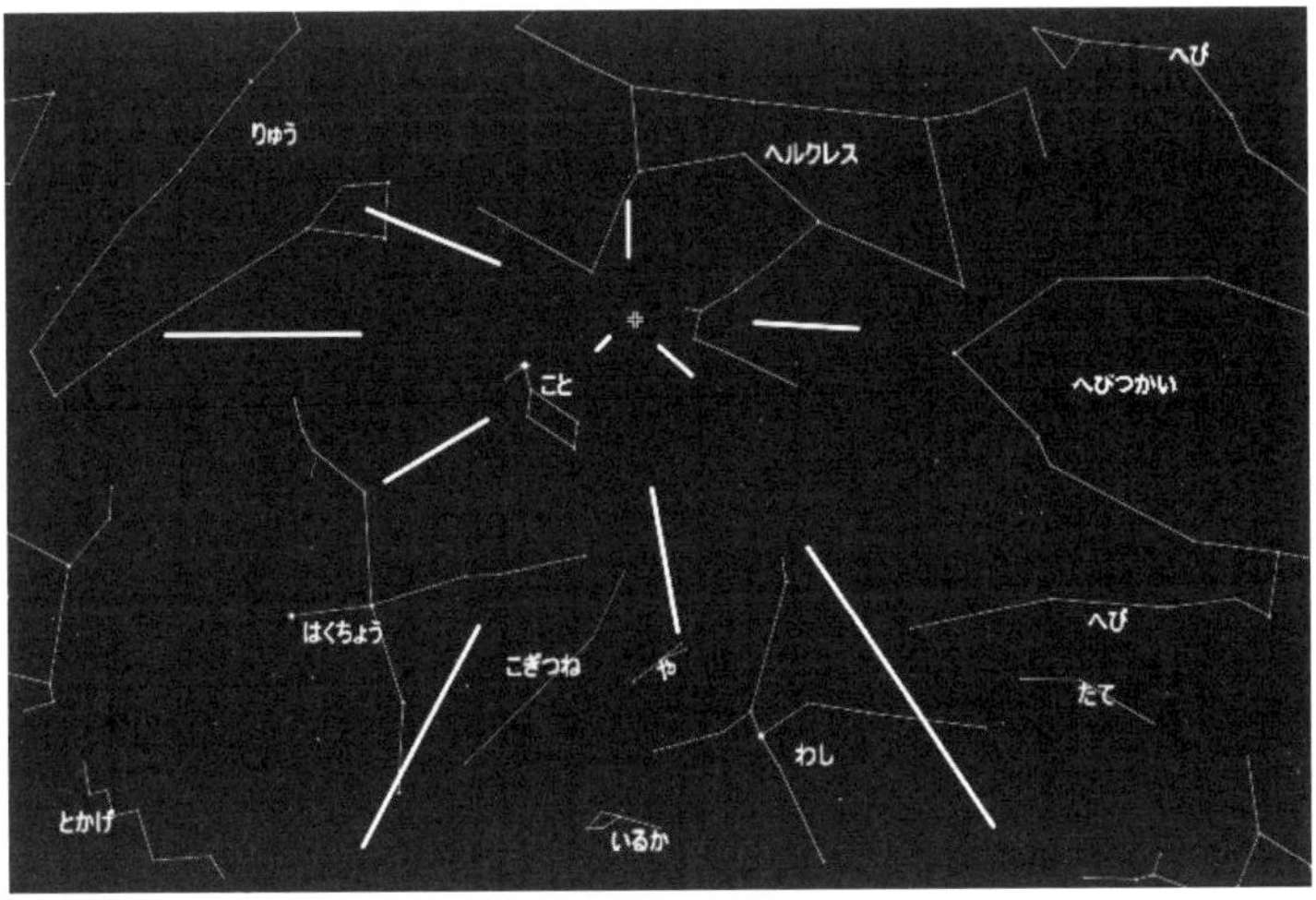

2015年4月23日午前1時、東京の東の空（ステラナビゲータ/アストロアーツ）

ぐれな部類に属する。これまで何度か突然、たくさんの流星を降らせたことがあり、その最初の記録は１８０３年といわれている。このときには１時間に７００個もの流星が出現したらしい。その次の出現は１９２２年、そして１９８２年には１時間に90個ほどの出現が記録されている。この例だけで考えると、約60年ごとに活発になるということになるが、そう単純でもなく、日本では１９４５年にも多数の出現が記録されている。また、一説には、この流星群の歴史は古く、紀元前６８７年に中国で雨の如く出現したという記録があるともされている。そういう意味では、通常は少ないものの、しばしば活発になる、いわば気まぐれな性格をもつ流星群といってもよいかもしれない。この流星群の母親は１８６１

年に出現したサッチャー彗星（C/1861 G1）といわれているのだが、この母親はいわゆる長周期彗星に属する部類で、その周期は415年といわれている。これだけ長い周期の彗星で、毎年のように少なからず流星を降らすのは珍しい。

暖かさを増していく春の夜空に、織姫星から流れ出る、きまぐれな流星群の流れ星を探してみてはどうだろうか。

（Vol.94/2015. 4.13）

南《みなみ》十字《じゅうじ》星《せい》

南十字星というと皆さんは何をイメージするだろうか。星座としては「みなみじゅうじ座」。全天88星座のうち、もっとも小さな星座だ。夜、方位を知るときに北の夜空には北極星があるが、南の夜空では南極星がないため、かつては南の方位を知るのに使われていた。十字の縦の方向を下に伸ばした方向が南を指し示す。

その知名度は星の中でも北斗七星と並び、トップクラスだろう。「南十字星の輝くオーストラリアへ」などといった謳い文句が旅行会社のツアーのパンフレットにも使われる。宮沢賢治の童話『銀河鉄道の夜』でも、出発が北十字（はくちょう座）、終着駅が南十字だ。南十字という言葉をタイトルに含む本も多い。もちろん、天文学の本ではなく、小説あり、ミステリーあり、体験談ありと実に様々。そこにはそれぞれの著者の南十字星への思いが込められている。南の島々へのロマンチックな憧れだけではなく、高齢の方々には南十字星という言葉からの太平洋戦争を連想することも多いようだ。日本軍はインドシナ半島からインドネシアなどの南洋の島々へ進軍していたが、召集されて従軍した多くの人が南十字星を実際に見ていたという。当時は、南方では「南十字」という兵隊たばこがあったそうである。

いずれにしろ、普段は見られないことで、逆に南十字星への想像をかき立て、憧れの念を強くしていることは確かで、かえってその人気を高めている。ただ、この南十字星、実は南半球にまで行かなくても日本からも見える、といったら驚くかもしれない。南十字星のいちばん北の星は北緯33度あたりで原理的には地平線の上に顔を出す。つまり、九州南部では理論的には見える。いちばん南の星も北緯27度が限界になるので、沖縄本島から八重山諸島などでは、3月から4月にかけての春先、低空までよく晴れ上がった日に、南の地平線の上に見られるのだ。

といっても、最も南の星の南中、つまりもっとも高くなるときには、八重山諸島の石垣島でも地平線から2・7度。さらに南の波照間島でも、ほんの3度ほど。お月様6つぶんしかない。地平線までよく晴れていないと見えない高さだ。実際に眺めるのは、それほど簡単ではない。というのも、八重山諸島は初夏から夏には高気圧に覆われることが多く、台風さえこなければ天気も観測条件もよいが、南十字星が見える季節、晩冬から春にかけては一般に天候がよくないからだ。地元の方でも、天文ファンでない限り、南十字星を見た人は少ない。南十字星に出会えるかどうかは、ひとえに運といえるだろう。

5月のゴールデンウィークに沖縄に旅行するという人がいたら、ぜひ南の水平線低くに目を

南十字星のクローズアップ
（国立天文台提供）

石垣島で撮影した南十字星（右側の囲み）。サザンゲートブリッジの上に、かすかに輝く。東側（左側の囲み）にはケンタウルス座のふたつの1等星が見える
（福島英雄氏撮影、国立天文台提供）

こらし、南十字星を探してみてほしい。南十字星が南中する時刻前後が狙い目で、八重山諸島では連休中の5月初旬には22時30分頃となる。

（Vol.130/2018.4.19）

II

夏

宇宙の遠距離恋愛 ―七夕《たなばた》―

7月7日は七夕である。天の川の両岸に離ればなれになった織姫が、天の川をわたって彦星に会うという、年に一度のデートの夜。天空の大河である天の川をはさんで、年に一度しか会えないなんて、と「宇宙の遠距離恋愛」に思いを馳《は》せる方は多いだろう。でも、ちょっと考えてみると、それほど心配することもないようだ。1年に一度という頻度も、人間の感覚にするとずいぶん待ち遠しいものだが、星にとっては実はなんでもない時間なのである。

織姫《おりひめ》星も彦星も、どちらもまだ若い星で、天文学的には数億歳。どちらの星も10億年程度は生きるので、人間に比べれば永遠に思えるくらい長い寿命。そんな長寿の星にとって、1年というのは実は相当な頻度だ、というのがおわかりいただけるだろう。例えば、星にとっての10億年の寿命を百歳まで長生きする人間の寿命に換算してみると、その頻度はなんと3秒に一度。これじゃあ、ほとんどいつも一緒にいるのと同じではないだろうか。

もちろん、ふたつの星の間の距離は15光年。すなわち光が15年もかかって届く距離である。これは日常生活に馴染みの単位キロメートルで表すと、なんと約150兆キロメートルに相当する。まぁ、これも人間の感覚でいえば、遠いなぁと思うのだが、無限大の宇宙からすれば、お隣同士ということになるのだろう。

さて、七夕の日が近づくと、国立天文台にも、これらの七夕の星が何時頃どのあたりに見えるのか、という問い合わせも多くなる。それほど七夕伝説は、あまたある星の神話の中でも、日本では特に定着しているということである。主役の織姫星と彦星は、西洋では、それぞれこと

ベガ、アルタイルから、いて座の天の川
（1998年7月4日、富士山須走口五合目、栗田直幸氏撮影・提供）

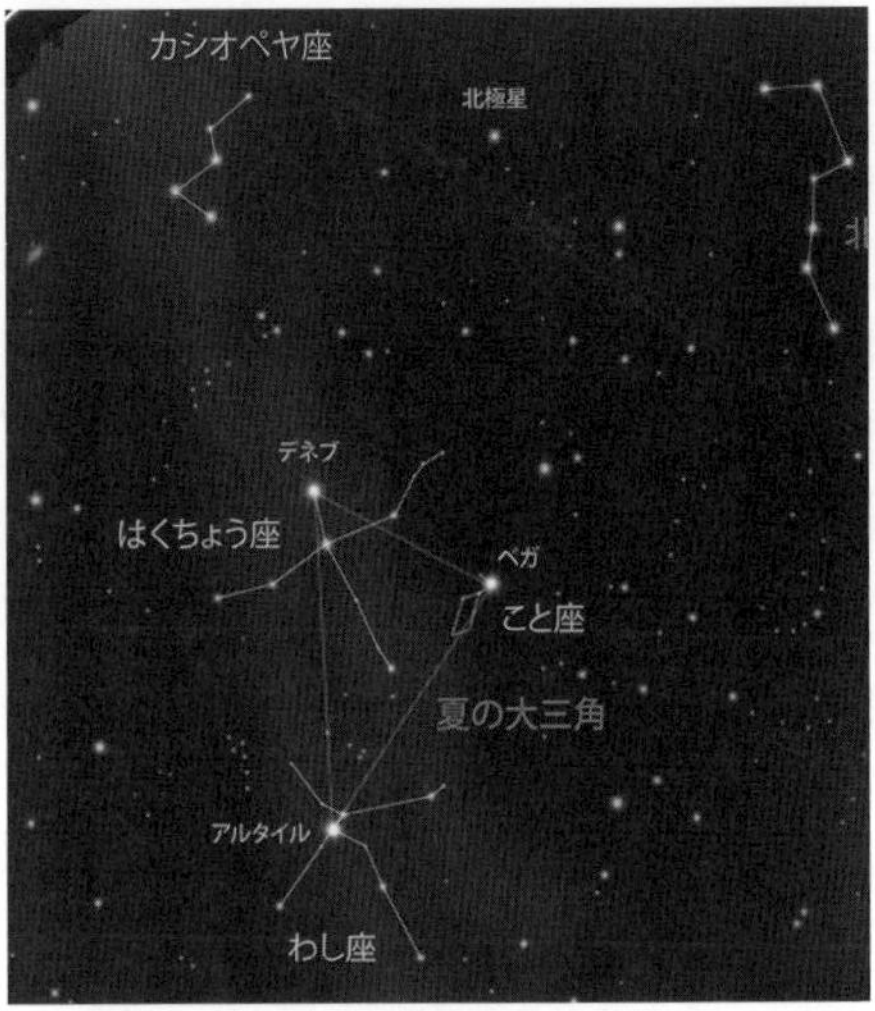

8月上旬の夜空（国立天文台提供）

座のベガとわし座のアルタイルと呼ばれる1等星。どちらも明るいので、都会でも時間と方向さえ間違えなければ、割と簡単に見つけることができる。もちろん空の暗いところでは、ふたつの星を分かつように天の川が流れているが、さすがに都会では見ることができない。

それどころか例年の7月7日には、なかなか星そのものも見えないことが多いようだ。というのも九州から東北までの平年の梅雨明けは7月中旬で、まだ梅雨明け前なのだ。ただ江戸時代には、七夕の夜には、笹飾りにお願い事をして、庭先に飾り、実際に天の川の両岸にある織姫、彦星を眺めていた。どうして昔は晴れたのであろうか。

これは、ちょっと説明が必要になる。もともと七夕の行事は旧暦の7月7日に行われていたからなのだ。昔の暦（いわゆる旧暦）での7月7日は、現在の暦ではおよそ7月下旬から8月中旬頃に相当する。もし旧暦を使っていれば、七夕の夜には梅雨が明け、天候が安定しているので、星を眺めながらの夕涼みには絶好となるわけだ。

昔の暦は明治5年に廃止され、日本は現在の太陽暦を用いているので、昔流の月に準じた暦というのは、公式には存在しないが、天候や夏休みの関係もあって、七夕の行事を8月上旬のいわゆる「月遅れの行事」として行う地域も多いようだ。国立天文台では、やはり本来の七夕の日に、星空を見上げてほしいという思いを込めて、かつての月に準拠した暦を考慮して七夕の日を宣伝しようと、「伝統的七夕」というキャンペーンを2011年から展開している。昔の流儀に従って、二十四節気の中の処暑《しょしょ》よりも前で、処暑に最も近い朔《ついたち》（つまり新月）の時刻を含む日を基準として、その日から数えて7日目を伝統的七夕と定義し、その前後に、各地でライトダウンや星空に関するイベントを呼びかけている。実際、国立天文台の施設がある石垣島などでは、町を挙げての星祭りが、この伝統的七夕にあわせて行われている。さすがに南国の島にはまだ暗い夜空が残っているのであろう。ライトダウンを行うと、それまで見えなかった天の川がくっきりと見えるそうだ。

8月の上旬には織姫星がほとんど頭の真上を通過するのは20時30分から21時頃となる。その時刻には、南東の方向、やや低いところに牽牛星《けんぎゅうせい》が輝いているはずだ。ちょうど夏休みだし、ぜひ家族で夜空を見上げ、宇宙の遠距離恋愛の主役たちの輝きを眺めてみてほしい。

（Vol.7/2006.6）

星影を楽しむ

星影という言葉を知っているだろうか？　ちょっと古い人なら演歌のヒット曲「星影のワルツ」、あるいはジャズの「星影のステラ」あたりを思い浮かべるかもしれない。星影という言葉は、もともと雅語に属する古い言葉で、「星の光」を意味する。光があるところには必ず影があるので、その連想で星影＝星の光という言葉が生まれたのであろう。

そんな微《かす》かな星の光だが、本当に影ができることがある。よく知られているのは、太陽と月を除いたときに最も明るい天体である「金星」。読者の中でも、天文歴が長い人なら、金星が最も明るく輝く、最大光輝の時期に、影を見たことのある人がいるのではないだろうか。金星は、地球よりひとつ内側の軌道をもつ惑星なので、太陽からあまり離れることがなく、明け方の東の空か、夕方の西の空に輝く。明け方の金星を「明けの明星《みょうじょう》」、夕方の金星を「宵《よい》の明星」と呼んでいる。明けの明星の場合は、夜明け前の暗いとき、地平線から昇ったばかりの頃、宵の明星の場合は逆に夕闇が消えて、西の地平線に沈みかけた頃、それぞれ白い紙の上に手をかざし

西オーストラリアで撮影した夜空。画面左上から右下へ斜めに流れる凸レンズ状の光の帯が天の川。(津村光則氏撮影・提供)

てみると、金星の光で影ができているのがわかる。

ところで、金星以外にも地上に影を作る天体がある。それはなんと、あの天の川だ。いまやなかなか見ることができなくなった天の川って、それほど明るいのであろうか？ 疑問に思う人もいるだろう。実は、私自身も、ある方から「南半球に行ったときに、天の川で影ができた」という話をお聞きしたときに、本当かな、と思ったほど。

天の川の中でも最も明るい部分は、夏に見えるいて座の方向となる。天の川は、もともとわれわれ太陽系が含まれる2000億個もの星の大集団、天の川銀河（銀河系）を横から見たものである。天の川銀河は目玉焼きのような形をしていて、中心部がやや膨らんだ黄身、それを平べったい円盤部分の白身が取り囲んでいる。われわれ太陽系が白身の端の方にあるので、そこから眺めると夏のいて座からさそり座の天の川の方向、つまり黄身の方向が太く明るく見えるわけだ。

いて座は、日本からだと南の地平線に近いので、なかなか空高く上がらないが、これが南半球の中緯度では頭の真上にやってくるから、確かに影は作りやすいであろう。天の川の明るさの分布を調べてみると、最も明るい部分は1平方度あたり、10等星が600個から700個あるのに相当する。その領域の広さ分をかけ算して、全体の明るさを出してみると、10等星が約11万個分となる。これは恒星の明るさに換算するとマイナス2・6等に相当する。実際には、天の川は前後にもっと星があるので、少なくともこれよりは明るいことになる。確かに、マイナス2・6等は、金星に比べれば5〜6分の1だが、相当に明るいことには間違いない。もともと、金星の場合は地平線に近いという悪条件の中での影だから、天の川が真上に来るような場所では影ができるのも不思議ではないわけだ。

こんな机の上だけの計算でいい加減なことを紹介している、といわれても癪《しゃく》だから、実は2004年にプライベートでオーストラリアの中心部、アウトバックと呼ばれる乾燥地帯に出かけた。たまたま肉眼でも見える彗星がやってきていたので、それを眺めようと思ったが、彗星よりも圧倒的にすばらしい星空の方に見とれてしまった。地平線までほとんど減光のない透明度の高い夜空に、深夜になると天の川の中心部、いて座が真上にやってきた。すると、あたりはほのかに明るくなっていった。白いシートの上に立つと、ぼんやりとした自分の影が銀河中心と反対方向にできているのがわかる。手をかざして動かすと、それにつれてぼんやりとした手の影が動くのが見える。確かに天の川で影ができたのだ。

最近は天の川そのものを見たことのない人も確実に増えているようだ。先日も、星空の取材に来られた雑誌編集者が、「見たことがありません」と申し訳なさそうに漏らしていた。影さえも作るほどの明るく見やすい天の川が見える夏、ぜひ天の川の星影を眺めてみてはどうだろうか。

（Vol.8/2006.7）

夏休みの星花火《ほしはなび》ー流星群《りゅうせいぐん》を眺めようー

夏休みになると、星空も夏祭りを迎える。たくさんの流れ星が、まるで星の花火のように夜空を彩るようになるからだ。夏は流れ星が多い季節である。というのも、7月末から8月にかけて、やぎ座流星群やみずがめ座流星群、8月中旬にはペルセウス座流星群、そして下旬には、はくちょう座流星群と様々な流星群が活動するからだ。中でも圧巻はペルセウス座流星群だろう。1月のしぶんぎ座流星群、12月のふたご座流星群と並び、年間の三大流星群のひとつで、その流星の数の多さは際だっている。毎年8月12日から14日頃に、その活動は最も活発な極大を迎える。空が暗く、星がよく見えるところでは、1時間に50個、場合によっては100個近い流れ星を数えることができる。まさに夏の星花火の代表である。

流星というのは1センチにも満たない小さな砂粒が、地球の大気に飛び込む現象である。秒速数十キロメートルという高速で地球へ突入するので、大気との摩擦で熱せられ、光を出し、流れ星となって見える。

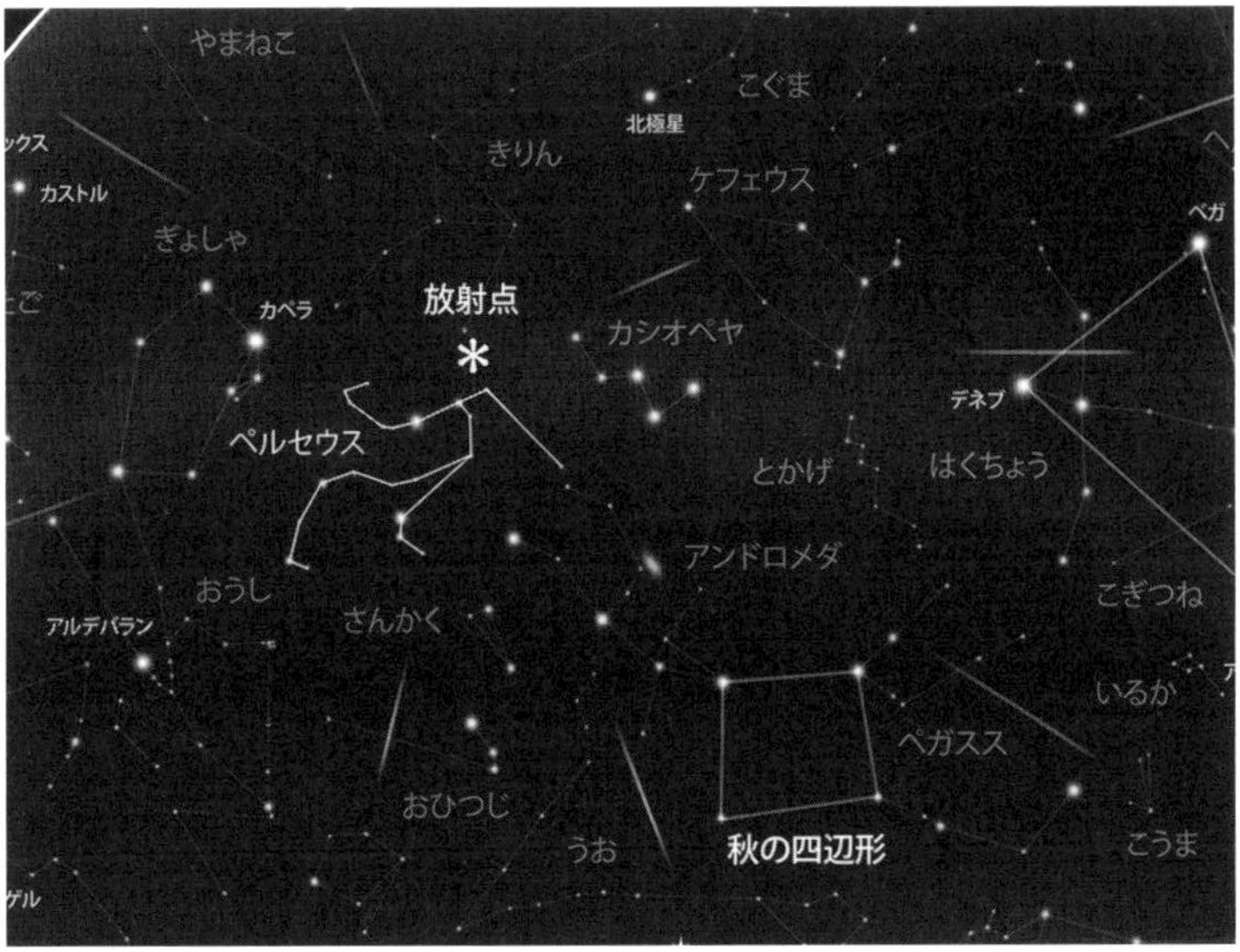

ペルセウス座流星群は、毎年8月12日から13日ごろピークになる。2022年8月13日、東京（国立天文台提供）

流れ星になる砂粒は、もともと彗星がまき散らしたものである。彗星は汚れた雪玉といわれるように砂粒をたくさん含んでいて、太陽熱によって氷の塊が融けていくと同時にたくさんの砂粒を宇宙空間へ吐き出す。こういった砂粒は、母親である彗星の通り道（軌道）を同じように動いていく。いわば砂粒の見えない川の流れが宇宙の所々にあるわけだ。その川が、たまたま地球の軌道と交差している場合、その場所を地球が通過する日時に、たくさんの砂粒が降ってきて、流星が群れになって出現する。これが流星群なのである。

ところで、同じ流星群に属する砂粒

は、ほぼ同一の空間運動（速度や方向）をもちながら群をなして動いている。その群れの中に地球がさしかかった場合、多数の流星が天球上のある一点から放射状に流れ出るように見える。平行に突入してくる流星の軌跡を逆に延長すると、一種の遠近法により、ある一点に収束するように見えるからである。この点を放射点（または輻射点《ふくしゃ》）と呼ぶ。ちょうど、鉄道の線路の近くに立ってみると、2本のレールが遠くで一点に交わるように見えるのと同じある。天文学では伝統的に、その放射点が存在する星座名をとって、XX座流星群と呼ぶことになっている。

地球は毎年8月中旬、ペルセウス座流星群の生みの親：スイフト・タットル彗星の軌道に近づく。このとき、この彗星がはき出した砂粒が群れをなして地球に突入してくるのが、ペルセウス座流星群というわけである。すなわちこの流星群は、放射点がペルセウス座にあることを意味している。ペルセウス座流星群は砂粒の流れる川幅も広いことで有名だ。8月のはじめ頃から20日頃までの長期間にわたって、この流星群に属する流星が見られる。ただ、その砂粒の流量は、地球が川の中心に最も近づく、毎年8月12日から13日頃に最大となる。

夏休みもまっさかりだし、特に北半球で見やすい流星群である。それに加えて、速度が速くて明るい流星が多く、出現したあとに煙のような痕を残したり、末端で爆発したりすることもまあり、流れ星としては非常に派手な印象を与える。流星群の中では王者といえるだろう。天文同好会や学校の天文クラブの観測の入門としては格好の対象であり、天文ファンの中で、この流星群を見ない人はいないほどである。

この流星群の歴史は古く、中国では紀元前にそれらしい記録がある。ヨーロッパでは古くから「セント・ローレンスの涙」と呼ばれていた。ローレンスというのは、当時、異端とされていたキリスト教の布教を行ったため、焼き殺された殉教者である。殺された期日が258年8月10日で、ちょうどペルセウス座流星群が、この日の前後に見られることから、彼の名前にちなんで命名されたものである。涙と花火とでは、ずいぶんと印象が異なるものだ。

夏の時期、月明かりの邪魔が全くない。暗い流星も月明かりにかき消されることなく眺められるので、多くの流れ星が期待できる。ペルセウス座は秋の星座なので、放射点が上がってくるのは22時過ぎとなる。北東の空になるのだが、流星は全天どこにでも出現するので、どこを眺めていてもよい。深夜過ぎには次第に流星数が増えていき、明け方にはピークを迎える。ペルセウス座流星群の流れ星を見ていると、夏の短い夜があっという間に白々としらみはじめてしまい、もっと見たいなぁ、と思うこともしばしばである。皆さんも、ぜひ明け方の夜空に夏の星花火：ペルセウス座流星群の乱舞を楽しんでみてほしい。


（Vol.20/2007.7）

天の川に埋もれた小さな星座たち

七夕の季節になると、天の川の両岸に輝く織姫星、彦星が一躍脚光を浴びる。こと座のベガとわし座のアルタイルというふたつの1等星である。天の川の中にある星座・はくちょう座の1等星デネブを含めて、3つの1等星で形作る三角形を、夏の大三角と呼び、夏の夜空のランドマークとなっている。筆者の住む東京近郊では、もはや織姫、彦星を分かつように流れる天の川などを眺めるのは望むべくもなく、夏の大三角の3つの星が輝くだけである。それでも日本の中には、夜空のきれいな場所がまだまだ残されており、天の川を眺めることができる。そして、天の川の中にも1等星ほどではないにしても、きらきら輝く星たちの姿を眺めることができるのである。

天の川の中に埋もれたように輝く星座には、暗い星ばかりの比較的小さな星座が多い。夏の大三角の3つの星の間に囲まれている領域には、や座とこぎつね座があり、その東側には、いるか座とこうま座が、わし座の南にはたて座といった小さい星座がある。これらは88星座の中でも小さい部類で、最小の星座であるみなみじゅうじ座に次いで、こうま座は第2位、や座は第3位、たて座が第5位となる。小さな星座というのは、一般に新しい星座が多い南天に偏っているものだが、これらは結構古くからの由緒ある星座である。明るい星が少なく、暗い星ばかりで結んだ星座ばかりだが、星座そのものがコンパクトなこともあって、一度目にすると忘れないものも多い。たて座とこぎつね座は17世紀にポーランドの天文学者ヘベリウス（1611－1687）によって設定された星座であるが、や座、こうま座、いるか座の3つは、古くから星座の集大成となったプトレマイオスの48星座に含まれているほど由緒正しい星座である。

ハワイから見上げる天の川
（長山省吾氏撮影、国立天文台提供）

や座は、4つの星が、本当に〝矢じり〟のような形に並んでいる。そのために、この星の配列を矢と見立てていた文明は多い。この矢は、となりのわし座に向けて、勇者ヘラクレス（ヘルクレス座）が、放った矢という説と、愛の

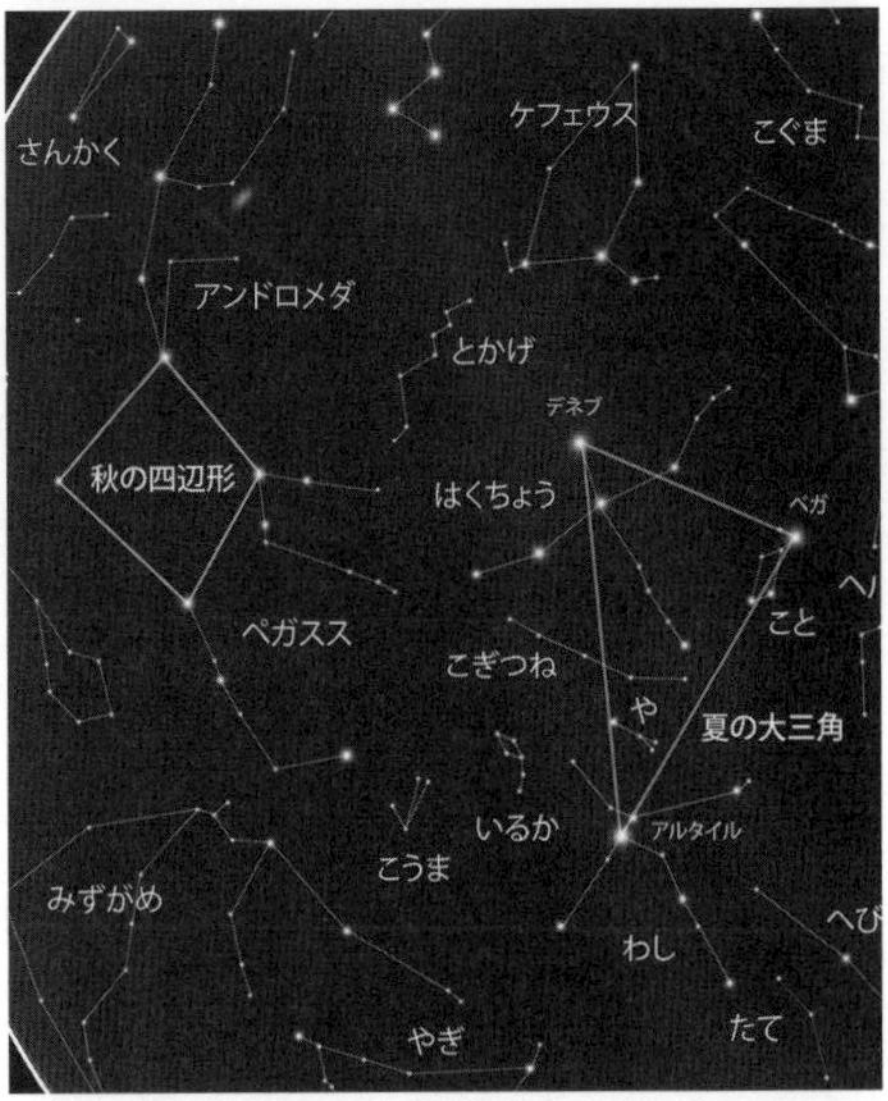

8月中旬21時頃（国立天文台提供）

神エロスの矢という説がある。エロスの矢は、当たった者を誰でも恋の虜にしてしまう、という力があるというので、有名である。恋の矢がある場所が、ちょうど織姫星と彦星との間、彦星側にあるのも何かの偶然だろう。ただ、矢の向きは、双方の間を通り過ぎる方向なのだが……。

や座の南東側、天の川から離れた場所に輝くいるか座もわかりやすい。4つの4等星がコンパクトな菱形を作っていて、そこから尾が伸びている形は、確かに海面に跳ね上がったいるかの姿に見える。神話では、海の神ポセイドンの使いとされている。いるか座の東隣にあるのが、こうま座である。さらに隣には秋を代表する星座：ペガスス座が輝いているが、その頭の部分に重なるように、同じような馬の頭を描いている古い星座絵が残されている。こうま座はペガサスの弟ケレリスという馬だと伝えられているので、親子で並んで走る馬を想像したのだろう。

や座の北にあるのが、こぎつね座である。新しい星座だけに、神話はない。ヘベリウスは、グリム童話の「キツネとガチョウ」から採ったとされている。ただ、星をつないでもとてもきつねには見えない。天の川に埋もれ、わし座といて座の間に、たて座がある。星座を設定したヘベリウスがポーランドの天文学者だったことから、ポーランドの王で英雄と親しまれたヤン三世ソビエスキが持っていた楯とされ、もともとソビエスキの楯座と呼ばれていたが、そのうちに単なるたて座となった。この星座も4等星より暗い星ばかりでできていて、なかなか探すのはたいへんである。

夏には空のきれいな場所に出かける人もいることだろう。そんな夜に、晴れて、月明かりのない星空に出会ったら、ぜひ十分に目を慣らして、天の川の周辺に輝く、これらの目立たない、小さな星座も探し出してみてほしい。

（Vol.32/2008.7）

伝統的七夕を楽しもう

「宇宙の遠距離恋愛 ―七夕―」(50頁)で触れたが、七夕というと7月7日と思っている人が多いようだが、本来の七夕は、現在は使われていない月に準拠した暦(太陰太陽暦などの、いわゆる旧暦)の行事だった。そのため、現在の暦では8月上旬から下旬の頃になる。

国立天文台では、この昔ながらの七夕を「伝統的七夕」と称して、広く報じている。もちろん、旧暦はすでに明治5年に廃止され、日本では公式の月に準拠した暦は存在しないが、(詳しくは述べないが)独自の計算によって、伝統的七夕を定義している。伝統的七夕の方が、七夕として楽しむには適切な理由がいくつかある。

ひとつは天候である。新暦の7月7日だと、全国的に梅雨が明けておらず、天候が安定していないことが多い。そのため、織姫・彦星に会える確率は、梅雨明け後になる伝統的七夕の方がずっと高い。もっとも、伝統的七夕は毎年、日付が変わって不便なために、いわゆる月遅れの行事として、8月7日に行う地域も多い。

ふたつ目は、伝統的七夕は、なんとか夏休み期間に入ることが多いことだろう。都会を離れて、田舎で天の川を眺めながら、その両側に輝く、織姫と彦星を楽しむには絶好の季節である。

3つ目、これは本質的なことだが、旧暦つまり月に準拠した暦なので、七夕の日は新月から7日目になる。つまり月齢6の月が南西の夜空に輝いている。実は、これは私は非常に本質的に大事なことではないか、と思っている。その理由を、回りくどいようだが七夕伝説をたどりながら

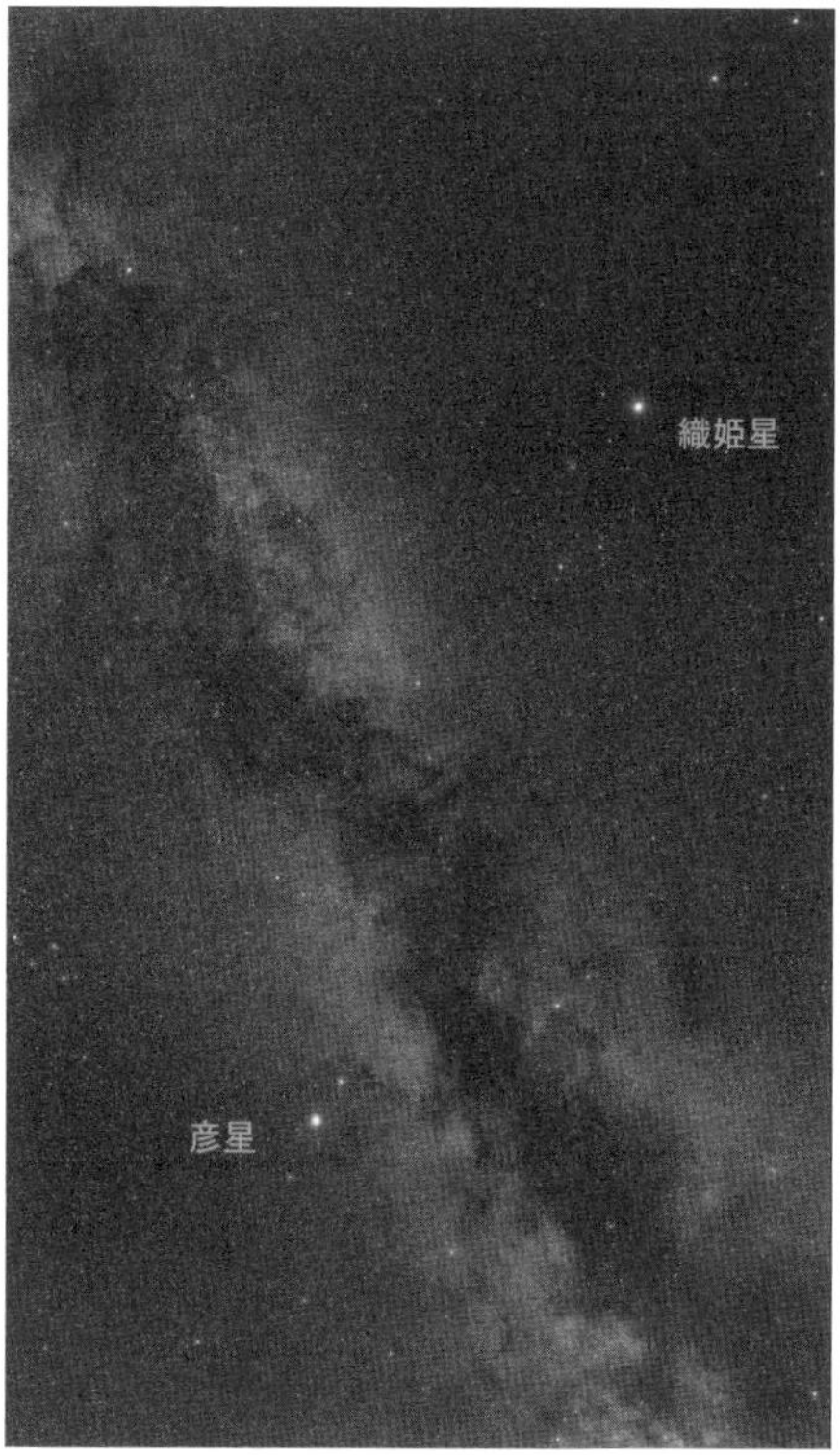

いて座を中心とした天の川（津村光則氏撮影・提供）

説明しよう。

七夕の主役はいうまでもなく織姫星と彦星。西洋名では、こと座のベガとわし座のアルタイルだ。どちらも1等星で明るく、都会でも時間と方向さえ間違えなければ、割と簡単に見つけることができる。そして空の暗いところでは、ふたつの星を分かつように天の川が流れているのがわかるはずである。

彦星は、またの名を牽牛《けんぎゅう》星という。その名の通り、天の川のほとりで、牛を飼いながら暮らしているまじめな青年であった。その働きぶりが「天帝」の目に留まり、自分の一人娘である織姫の婿にと、引き会わせてみた。天帝の思い通り、二人はたちまち恋に落ちた。ところが、その後がいけない。どちらも恋に溺れて仕事をしなくなってしまった。牽牛の飼っていた牛は死にかけ、織姫が生地を織って作っていた神々の服装は、次第にぼろぼろになっていった。怒った天帝は、二人を会うことができないよう、天の川の両岸に離ればなれにしてしまった。そのために織姫星は天の川の西岸に、彦星は東岸に輝いているわけだ。

ところが織姫は別れた牽牛が忘れられず、泣いてばかりの毎日となった。かわいそうに思った天帝は、これから二人ともまじめに働くという条件で、年に一度、七夕の夜にだけ会うのを許した。その後、まじめになった二人のため、七夕の夜になると、どこからともなくかささぎが飛んできて天の川に橋を架けるようになった。これが1年に一度の逢瀬、七夕伝説の基本的なパターンである。

ところで、発祥の地である中国では、通常は織姫星が天の川を西から東へわたり、彦星へ会いに行くとされている。ここがポイントである。

なにしろ、七夕というのは言葉通り、旧暦の7月7日。南西の夜空には月齢6の、上弦よりもやや細身の月が天の川の西岸に輝いている。この月の形を素直に見ると舟の形に解釈できる。その舟が7日の夜には天の川の西岸にある。そして一晩か二晩かけて、東岸へと動いていくのである。まさに天の川の西岸に輝く織姫星をのせて、天の川を渡る舟そのものと解釈できる。七夕伝説のデートの夜が、旧暦7日に設定されたのは、本来は他の理由だったのかもしれないが、この月を舟に見立てたという理由もあったのではないだろうか。

伝統的七夕の夜には、船の形をした月を眺め、そして織姫と彦星に願いを託してみてほしい。


（Vol.45/2009.8）

南の夜空に輝くひしゃく　ー南斗六星ー

空に浮かび上がるひしゃくといえば、誰でも真っ先に思い浮かべるのが北斗七星だろう。本書の春のところでも取り上げたが（『北斗七星』16頁）、明るい星の少ない北の空での存在感はとても大きい。北斗七星がもっとも高く見えるのは春。見事なひしゃくは、夏には次第に北西の空に傾き、やがて北極星の真下へ隠れて見えなくしまうのだが、実は、この季節にはもうひとつのひしゃくが、南の夜空に輝いているのをご存じだろうか。

南のひしゃくは、いて座という星座の一部で、6つの星を結んだものである。東洋では、北斗七星に対して、こちらを南斗六星と呼んでいる。南斗六星は全体が天の川に埋もれていて、そのひしゃくは下向きになっているために、あたかも天の川の水をすくうように見える。そのため、英語圏では、北斗七星をBig Dipper、南斗六星を天の川（Milky Way）のミルクを掬うMilk Dipperと呼んでいる。いて座は、神話上のケンタウルス族の中でも音楽、医術、そして狩猟にも長けた偉人であるケイローンが、矢をつがえている様子に見立てたもので、南斗六星はちょ

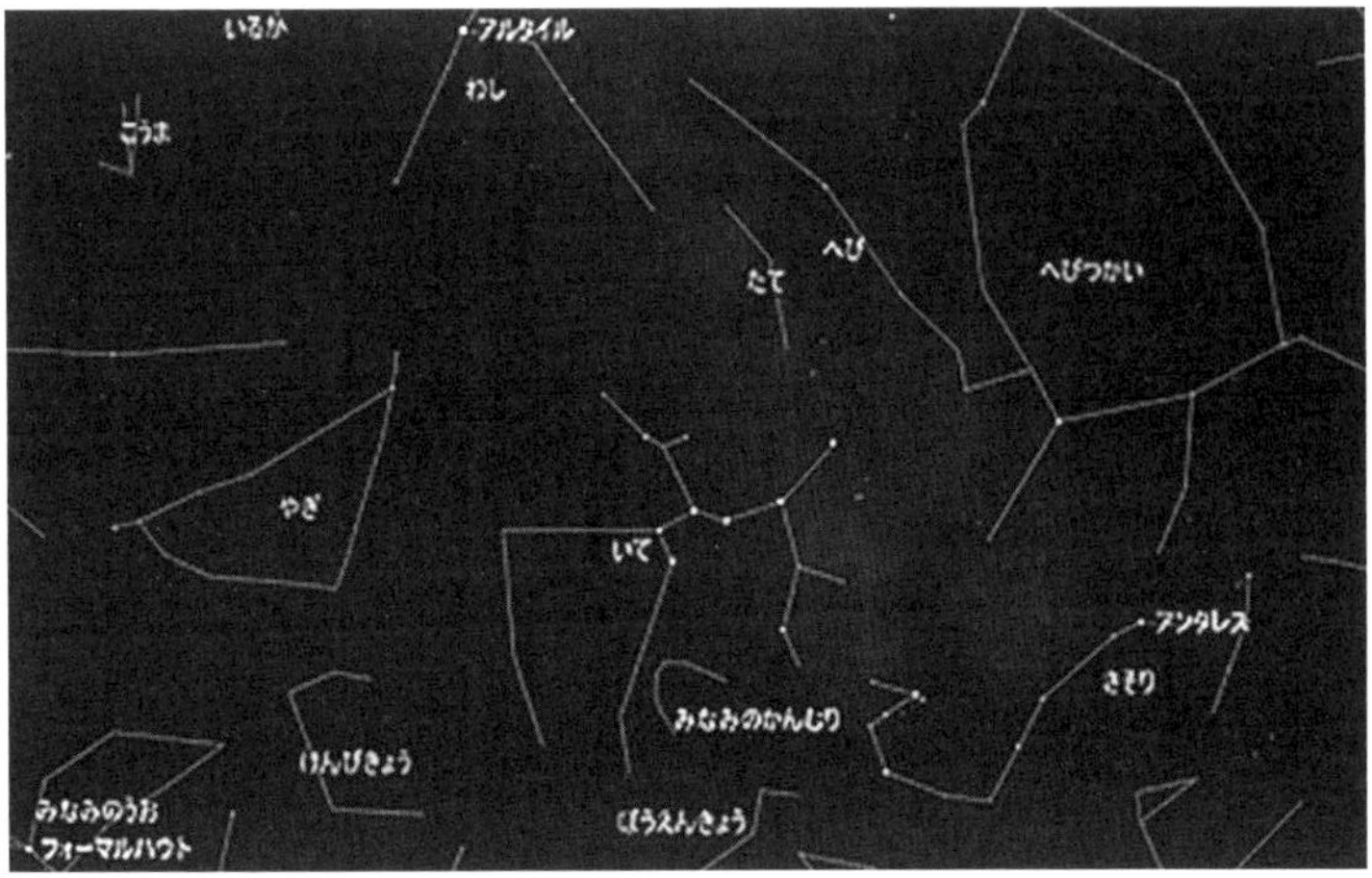

8月31日20時の南の空、東京（ステラナビゲータ/アウトロアーツ）

うどケイローンの手首から矢の上半分のところに相当する。

南斗六星を探すのは、北斗七星に比べると難しい。北斗七星は、明るい星の少ない北の空にあって、それだけで目立つが、こちらは周りにも明るい星が多いので、わかりにくいのである。また、南斗六星は、そのサイズが小さいことも見つけにくい理由である。端から端まで14度程度しかなく、北斗七星の25度に比べて半分強しかない。さらに構成する星たちも暗い。南斗六星は、ひとつだけが2等星、残りの4つが3等星で柄の先の星は4等星。その明るさでも、ひとつだけが3等星で、残りはみな2等星という北斗七星にはかなうべくもない。

だが、それだけに見つけたときの喜びも大きいはずだ。まずはほぼ真上の空に、夏の代表である夏の大三角を見つけ、そのうち最も南に低い1等星わし座のアルタイルからはじめよう。これは七夕の彦星である。アルタイルから、まっすぐに南の地平線に目を向ける。腕を伸ばした握り拳を作って、アルタイルから南の地平線に向けて、4つ分ほど下がったところを注目してみると、そこに歪んだ台形が見つかればしめたものである。台形の右上の星は2等星で最も明るいので、目立つはずである。この台形を、ひしゃくに見立てて、さらに右上に伸ばそうとすると、ふたつの星がつながって、やや反り返った柄となっているのがわかるはずだ。

東洋では南斗六星は生を、北天の北斗七星は死を司るとされている。中国には、これにちなんだ面白い昔話が伝わっている。高名な占い師が、麦畑で働くある子供に出会い、「かわいそうに。この子は十九歳までしか生きないだろう」と占った。驚いたその父は、なんとか助かる方法はないか、と必死でお願いした。天命はどうにもならないといいながら、占い師は秘策を授けた。

「上等の酒と鹿の肉の干物を用意して、明日、南の山の大きな桑の木の下で碁を打っている老人たちに黙って差し出しなさい。」

翌朝、父子が赴くと、確かに二人の仙人が木の下で碁を打っている最中だった。一人は北側に座り、白い着物を着て怖い顔を、もう一人は南側に座り、赤い着物を着ていて優しい顔をしていたという。二人は、黙って差し出された酒を飲み、肉を食べた。そのうち、怖い顔をした仙人は、父子を追い立てようとした。しかし、優しい仙人は、「さんざん飲み食いして、それはなかろう」と、懐から帳面を取り出した。そして子供の名前を見つけると、確かに「寿命十九歳」とあった。そこで、その仙人は筆を取りだし、「十九」の上に「九」を書き加え、「これで良いな」と言ったという。北側の仙人は死を司る北斗七星の精、南側が生を司る南斗六星の精だったわけである。

皆さんもぜひ南斗六星を探し出してみよう。もしかすると、ほんの少し、南斗六星のご利益にあやかれるかもしれない。

（Vol.57/2010.8.23）

南の空に輝く魚《うお》釣《つ》り星

夏らしい星たちが東から昇ってくる新暦七夕の２０１１年7月7日、星座をデザインした特殊切手「星座シリーズ」第一集が発売された。

それまで星座がデザインされた切手は、単発のものしかなかった。１９５３年に発売された東京天文台創設75年記念切手には、北極星と北斗七星、カシオペヤ座が描かれ、１９７８年の同創立１００年記念切手には、オリオン座が描かれている。珍しいところでは、１９９９年の長野のふるさと切手だろう。「東大木曽観測所と御嶽山」の背景には、星座ではなく、いっかくじゅう座のバラ星雲がデザインされている。

しかし、多くの星座がデザインされているシリーズものは、日本では初めてであった。最初の第一集は、９つの夏の星座たちがデザインされた、実にさわやかな切手のセットだ。さらに嬉しいことに国際天文学連合で定められた星座だけでなく、日本固有の星座もデザインされ、紹介されている。第一集で取り上げられたのは、南の空に輝く、さそり座の和名版、魚釣り星である。

　さそり座は何度見ても実に見事な星座である。その中心に輝く1等星アンタレスから右上に並んだ星がちょうど、さそりの目とはさみにあたる。アンタレスから逆に左下へ続くS字状のカーブの星の配列が猛毒のしっぽに見立てられている。なるほど、その姿は図鑑で見るさそりにそっくりで、ぴったりとはまった星座といえるだろう。現在の西洋星座の源流となるメソポタミア地方（現在のイランやイラク付近）あたりの砂漠では、さそりは身近なものだったに違いない。さそり座は、黄道十二星座の中でも、最古の星座のひとつなのである。

　このさそり座の大きなS字カーブを描く明るい星の配列を、日本では釣り針に見立てて、魚釣り星と呼んできた。S字のカーブのしっぽの部分が、ちょうど天の川の中に浸っているせいもあってのことかもしれない。瀬戸内地方を中心として、古くから呼ばれてきた名前だが、海洋国などでは、同じようにさそり座の星の配列を釣り針

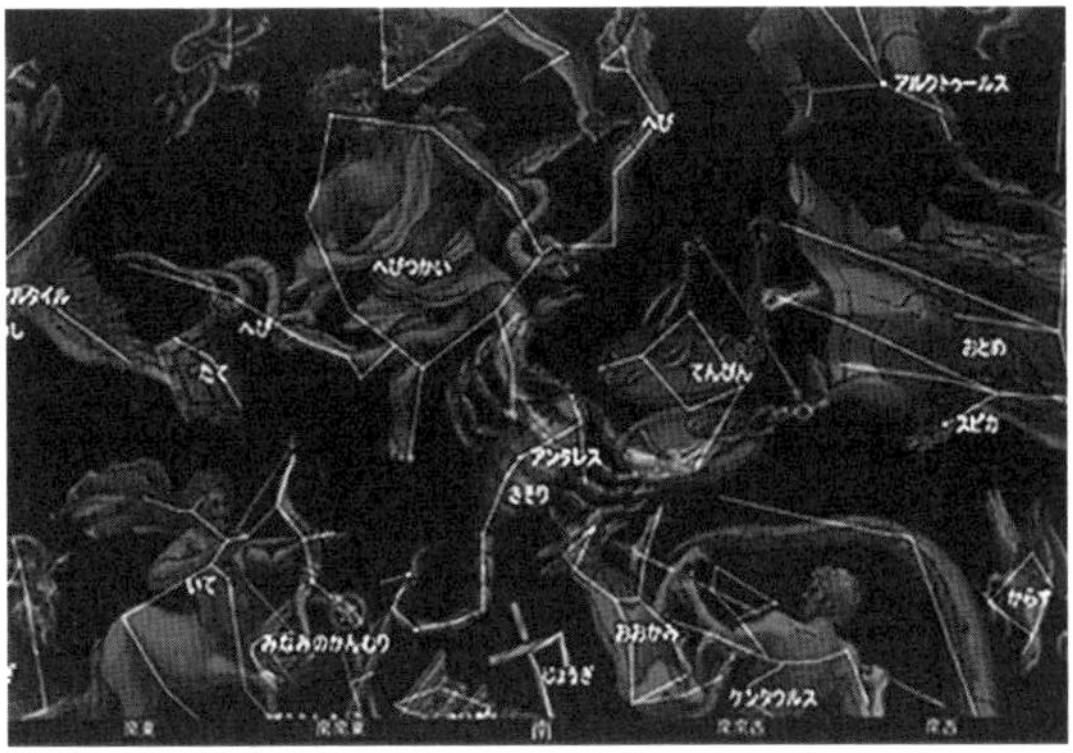

7月7日21時の東京の星座（ステラナビゲータ/アストロアーツ）

に見立てることが多い。第一集には、こと座、はくちょう座、わし座などに混じって、この魚釣り星が加わり、全部で10枚の切手セットになっていた。

さそり座で、最も輝いている1等星アンタレスに注目してみよう。大都会では、さそり座全体を眺めるのは難しいが、アンタレスだけはなんとか見える。いかにも夏の暑さを予感させるがごとく、真っ赤な1等星である。アンタレスは、さそり座の心臓にあり、もともと火星の敵という意味である。火星が夏に地球に接近する場合、アンタレスのあたりで並んで輝くことが多く、その赤さを競っているように見えるからである。宮沢賢治の『銀河鉄道の夜』にも、赤々と燃える「さそりの火」として登場している。真っ赤なアンタレスは、日本では「赤星《あかぼし》」、「豊年星《ほうねんぼし》」、あるいは「酒酔い星《さけよいぼし》」などとも呼ばれていた。

アンタレスは天文学的には赤色超巨星という分類に属する。その大きさは太陽の700倍以上もある老人の星である。比較的質量の大きな星が、老人になってくると星の外層がどんどん膨《ふく》れて、このように巨大な星になるのである。これだけ大きいと、地球の軌道も星の中に飲み込まれてしまうほどだ。そうなると、星の表面は星の芯からずいぶんと遠くなって、冷えてくる。そのために、太陽の表面のように黄色い色ではなく、温度が下がって赤い色になるのである。太陽の表面の温度は約5600度だが、アンタレスは3500度である。また、その明るさも不安定である。なにしろ、ぶくぶくに膨れた超巨星だが、ほんの少し縮んだり、膨れたりするだけで、その明るさは大きく変わる。といっても、アンタレスの場合は、0・3等ほど変化するだけである。変光に周期性はなく、不規則変光星と呼ばれる一群に属している。

さそり座のあたりに、アンタレスをはじめとして、これほど明るい星たちが、巨大なS字状の星の配列をなしているのには理由がある。星座そのものが天の川の近くにあって、明るい星がたまたま多いこともあるが、それだけではない。このあたりの輝星は、もともと「さそり―ケンタウルスOBアソシエーション」と呼ばれるグループなのである。OBアソシエーションとは、質量の重い星たちがたくさん生まれた散開星団《さんかいせいだん》の名残で、ばらばらになりかけたものだ。そのために、メンバーには明るい星が多いのだ。このグループには、アンタレスだけでなく、遠く離れた冬の星座のカノープスや、南十字星などもそのメンバーと思われているというから、驚きである。夏の南の空に輝く、魚釣り星と、アンタレスの赤い輝きを、ぜひ堪能してみてほしい。

（Vol.67／2011.6.24）

夏の1等星が増える？ ーさそり座デルタ星の増光ー

皆さんは、1等星がふたつある星座をご存じだろうか？ そんな贅沢な星座は、実は全天88星座のうち、3つしかない。ひとつは、冬の代表的な星座であるオリオン座である。ベテルギウスとリゲルという色の異なる対照的な1等星をもつ豪華絢爛《ごうかけんらん》の星座である。もうひとつは南天で最も有名な南十字星。星座でいえば、みなみじゅうじ座である。そして、その東にあるケンタウルス座もそうだ。ちなみに、冬の星座で、ふたご座というのがある。カストルとポルックスというふたつの明るい星が仲良く並んでいる。実はベータ星のポルックスの明るさは、1・2等なので、れっきとした1等星なのだが、アルファ星のカストルは1・6等と、四捨五入すると2等星となり、残念ながら「ふたつの1等星をもつ星座」には入らない。つまり、オリオン座、みなみじゅうじ座、ケンタウルス座以外に、1等星がふたつある星座はない。

ところが、２０１１年の夏は、もしかするともうひとつ増えるかも、と天文ファンの間で期待された。前項で紹介したさそり座である。このさそり座の2等星のひとつが、もう少しで1

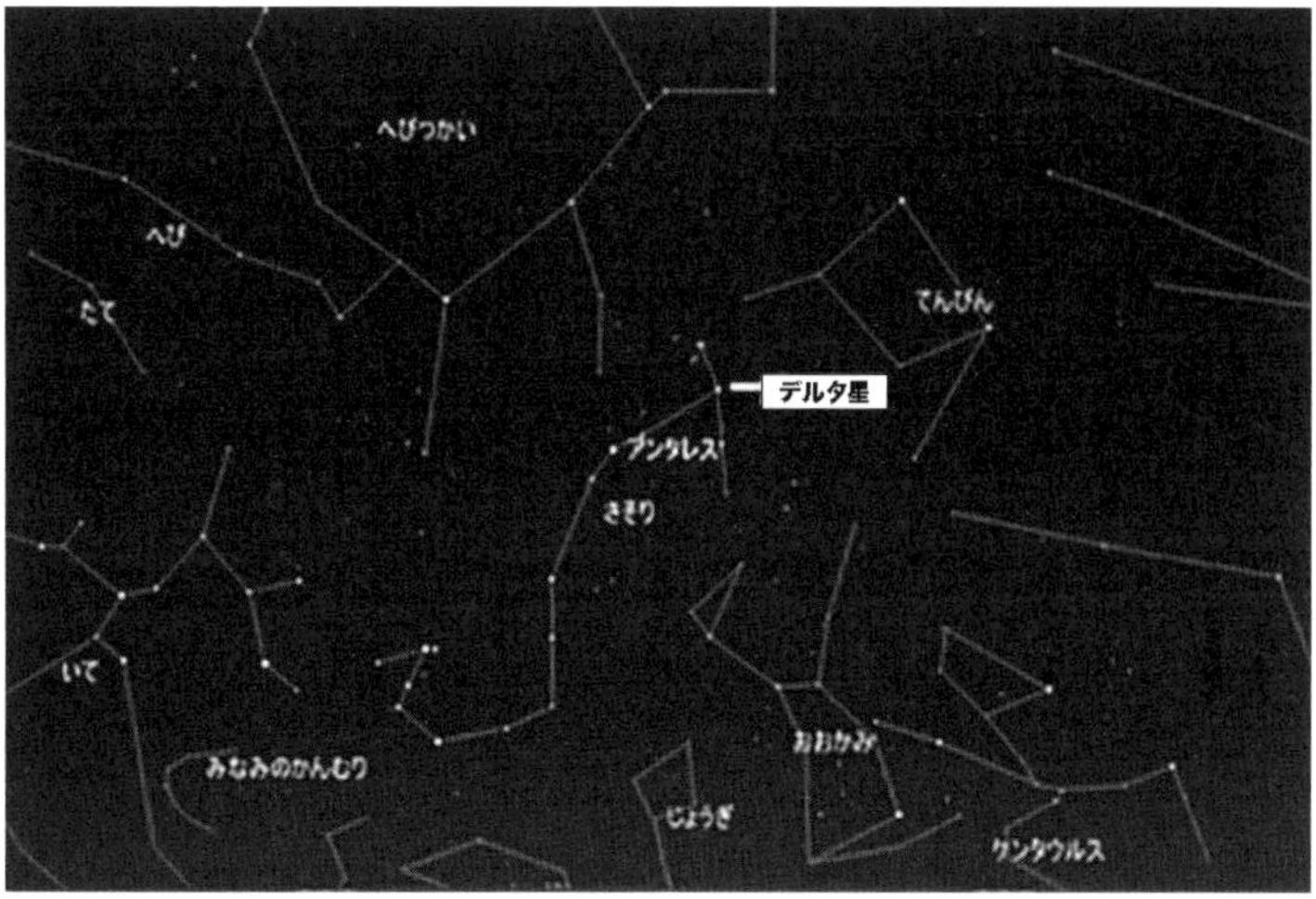

7月末のさそり座デルタ星。20時頃、東京（ステラナビゲータ/アストロアーツ）

等星というところまで明るくなったからである。その星は、さそり座の頭の部分にあるデルタ星だ。さそり座の中心に赤く輝く1等星アンタレスより、右上を眺めると、明るめの星が縦に3つほど並んでいる。この3つの真ん中の星が、問題のデルタ星だ。固有名「ジュバ」は、アラビア語で「ひたい」を意味する言葉に由来する。この星は、もともと2・3等で、とくに注目されていなかったのだが、2000年半ばに突然、明るくなりはじめ、最終的に1・6等にまで達した。そのときには、さそり座の印象を変えるほどであった。通常の肉眼で見える恒星が、こんなに急激に変化を示すのは珍しく、さっそく多くの天体望遠鏡が向けられ、詳細な観測が行われた。その結果、この星は単独星ではなく、連星となっていることがわかったのである。少なくともふたつの星からなる連星系で、まるで彗星のように歪んだ楕円軌道を、約10年余りで周回していると思われている。連星が接近したとき、しばしばお互いの間の重力でガスのやりとりが起こる。すると、星の周囲にガスの円盤が生まれ、その円盤のせいで明るくなっているのではないかと思われている。ただ、もしかしたら3番目、あるいは4番目の星もあるかもしれない、ともいわれており、まだまだ増光の謎が完全に解けたわけではない。

いずれにしろ、前回は連星の接近は2000年頃に起きたため、ほぼ10年ぶりに連星が接近し、増光しているというのは確かだった。2011年の6月中旬頃から明るくなっているのが報告されたが、たとえメカニズムがある程度までわかっても、今回の増光でどこまで明るくなるのかは予想がつかなかった。前回よりもっと明るくなって、1・4等を超えるのではないか、とも噂されていたが最終的には同じ1・6等どまりだった。

夜空には、このように明るさを変える星、変光星は珍しいものではない。様々なタイプの変光星があり、明るさもいろいろである。しかし、ペルセウス座のアルゴルやくじら座のミラといった規則的な変光星を別にすれば、新星以外でこのように眼視でわかるほどの変光があるのは、きわめて珍しい。しかももともと暗く、明るい時期に1等星にまで迫る変光星は皆無である。今後、さそり座デルタ星が1・4等を超えれば、四捨五入して1等星の仲間入りとなり、夏の夜空に1等星がひとつ増えることになる。さそり座は、もともとの1等星アンタレスとともに、ふたつの1等星をもつ星座になるかもしれない。南の夜空でこれからも起こるかもしれない宇宙のドラマをぜひ自分の目で眺めてほしい。

（Vol.68/2011.7.22）

雄大なへびつかい座を探そう

現代の星占いでは、ある人が生まれたとき、太陽があった星座をもとにすることが多い。太陽は天球上で、その通り道である黄道を動いていく。かつては、その黄道上に12の星座が決められていたため、通常の星占いは12星座が使われる。ところが、よくよく星図を眺めてみると、実際には黄道は13の星座を通っている。昔からの黄道十二星座にない星座が、へびつかい座である。

どうして、この星座が黄道上にあるのだろうか。その理由は単純だ。もともと星座は星をつないで作ったものなので、境界線はあまりはっきりしていなかった。それでは不便だというので、1928年に国際天文学連合が星座の境界線を決めた。そのとき、いままで黄道の星座ではなかった、へびつかい座の一部が黄道をまたぐように設定されてしまったのである。

当時、天文学者は、あくまで天文学上の利便性を図る上で境界線を決めたわけで、星占いなど念頭にあるはずもなく、誰一人として、黄道が12星座以外の星座にかかってしまうことを憂慮

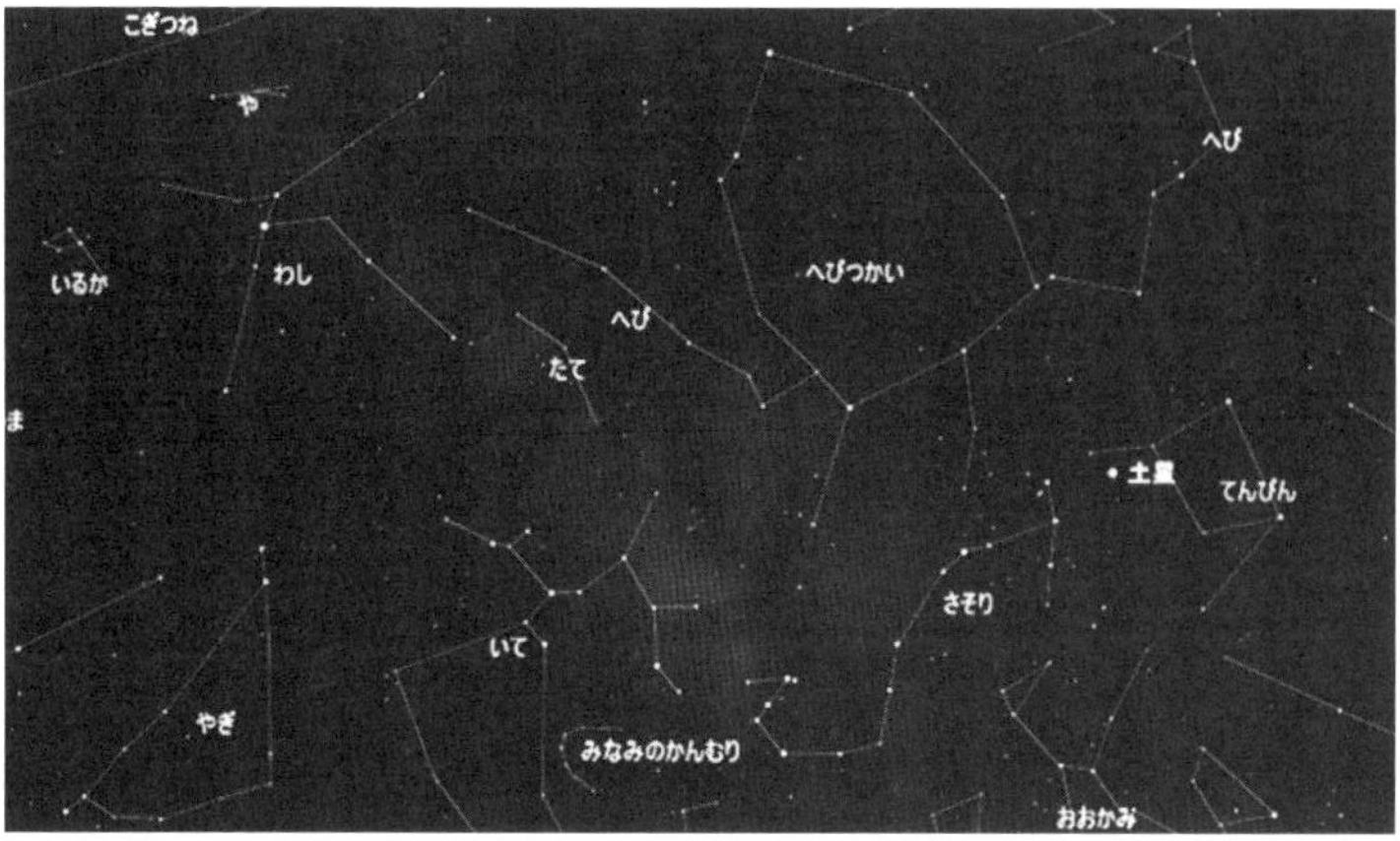

7月20日21時、東京。南の空を占めるへびつかい座とへび座
（ステラナビゲータ/アストロアーツ）

した天文学者はいなかったようだ。こうして、現在のへびつかい座の一部に黄道がかかってしまったわけである。

実際の太陽の動きを計算してみると、11月末にさそり座からへびつかい座に入り、12月中旬には次のいて座へ移動していく。この間に生まれた人は、へびつかい座生まれと呼んでもいいかもしれない。名前の印象からだと嫌だと思われる人もいるかもしれないが、この蛇遣いは、ギリシア神話によれば、死者をもよみがえらせるという名医アスクレピオスの姿といわれているので、少なくともさそり座よりは名誉かもしれない。世界の人々の健康を守る国連機関、WHO（世界保健機関）のロゴマークは、国連紋章の中央に蛇が巻きついた杖があしらわれているが、これはまさにアスクレピオスの神話に由来する。蛇が巻きついた杖は、その意味で医療と医師の象徴なのである。
へびつかい座はとても大きな星座で、初夏の南の夜空を大きく占めている。頭の部分に位置する、最も明るい2等星ラスアルハゲを見つければ、そこから大きな将棋の駒のような形をたどることができるだろう。そして、やや暗い星をつなぐと西側には蛇の頭が、東側には蛇の尾が伸びている様子もわかるはずだ。頭部と尾部に分断されたふたつの領域は、どちらもへび座なのだが、もともとはへびつかい座の一部だった。ただ、昔のへびつかい座はあまりにも大きかった。へび座と合わせると、全天で最も大きな星座である、うみへび座よりも面積的には大きいのである。そのため、それぞれ独立した星座になったわけである。頭上に輝くかんむり座のすぐ南で、4等星が小さな三角形を作っているのがへびの頭で、そこからへびつかい座の将棋の駒の形の底辺を貫き、わし座の1等星アルタイルに向かって、暗い星がいくつか並んで、へび座の尾を成している。明るい星が少ないので、都会ではなかなか星座の形をたどるのは難しいだろう。へびつかい座の将棋の駒形は目立つが、その両側にあるへび座も、ぜひ探してみてほしい。

（Vol.97/2015.7.15）

きりん座の流星群

きりん座という星座をご存じだろうか。かなり面積の大きな星座で、しかも北極星の近くにある北天の星座なので、日本からも一年中見える位置にある。いわゆる周極星《しゅうきょくせい》（北極の周りをまわり地平線下に沈むことのない星）となる星座である。ただ、あまり馴染みがないのは、明るい恒星がないために、認識されることがないためである。アルファ星が4・3等、ベータ星でも4・0等である。最も明るい星でも4等星どまりなので、なかなか目立たない。それでも暗い星をつないでいくと、カシオペヤ座やペルセウス座の方向に足を伸ばし、北極星の方向に長い首を伸ばした形を描くことができる。もともとが北極星近くの明るい星がない領域に、17世紀はじめにオランダの天文・地理学者であるペトルス・プランシウス（1552－1622）によって聖書に登場する動物として設定された星座である。これはらくだとされていたが、最終的には長い首が決め手になり、ポーランドの天文学者ヨハネス・ヘヴェリウス（1611－1687）によって「きりん座」となった。こうした、いわゆる新しい〝隙間星座〟は、星をつないでも、何の形かわからないものが多いのだが、きりん座はその中では出来がいい星座といえるかもしれない。このきりん座が、ちょっとした話題となったことがある。というのも、この星座に放射点をもつきりん座流星群の活発な出現があったからだ。この流星群の放射点は、ちょうどきりん座の首の中間あたりとなる。

発端になったのは、2004年2月3日に発見されたリニア彗星（209P）である。発見当時は18等ほどで、当初は、小惑星2004CBとして登録されていたが、その後、彗星の発見者としても知られているオーストラリアのロバート・マックノートによって尾があることがわかり、彗星と認識された。周期は5年ほどと計算され、実際に2008年の回帰が観測されたため、周期彗星としての番号209Pが付与された。2014年5月6日には近日点を再び通過し、11等から14等程度になった。2014年5月29日には、地球にも接近した。その距離は0・0554天文単位（1天文単位は地球－太陽の平均距離）、すなわち830万キロメートルほどだった。

リニア彗星は、歪んだ楕円軌道を動いており、遠日点《えんじつてん》（太陽から最も遠い点）は木星付近なのだが、近日点が0・97天文単位と、地球軌道の内側にまで入ってくる。そのために、地球の軌道とリニア彗星の軌道が接近している。一般に、こういった状況だと、彗星がかなり活発に流星の元になる砂粒やチリを放出していれば、流星群が出現する可能性がある。そこで、この彗星を起源とする流星群の出現がないか、と探したところ、過去の出現は見当たらなかったものの、２０１４年５月24日に出現が期待できることがわかったのである。流星の元になるのは、フランスの研究グループによれば、リニア彗星から１８０３年から１９２４年のもの、日本の佐藤幹哉によると１８０３年から１９１４年にかけてのもの、そしてカナダの研究グループによれば１７９８年、１８０３年、１８６８年、１８７８年、１８８３年に加えて、１９２４年から１９５４年、１９６４年から１９７９年のものとされた。出現数は１時間あたり数十から数百個で、活発に出現すればかなり見応えがあるとされた。ただ、残念ながら否定的な見方もあった。この彗星そのものが新しく発見されているので、20世紀以前は活動していなかった可能性もあ

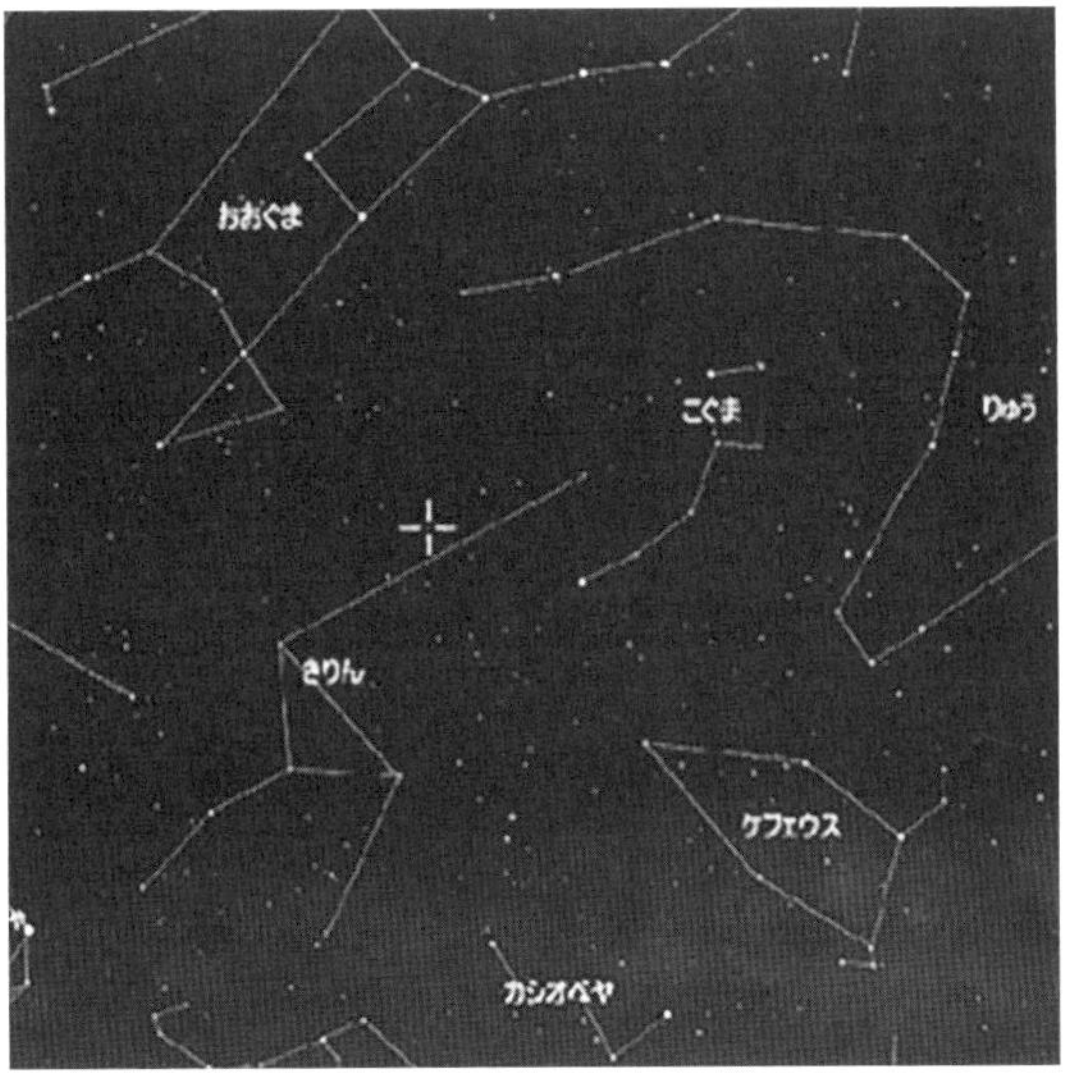

5月24日20時30分、東京の北の空。きりん座が大きく首を伸ばしているのがわかる。予想放射点は+印付近（ステラナビゲータ/アストロアーツ）

ったからだ。彗星活動がなければ流星のもととなる塵粒は放出されない。また1976年から1977年あたりで、遠日点で木星に近づいて軌道が変わっていることも気がかりだ。もちろん、上記の予測は、これを考慮しているはずである。もうひとつ日本にとって残念なのは、出現予想時刻が昼になってしまうことだった。実際、世界的にも、また放射点が高いこともあって、北米のカナダ・アメリカ国境地域では1時間あたり10個程度の出現があったのだ。これだけ条件がよい出現予測は今後はしばらくないものの、ふだんは注目しないような、きりん座の姿を探してみてほしい。

（Vol.83/2014.5.19）

夏の流星を楽しもう

夏休みになると、星空も夏祭り。七夕の星をはじめとして、明るい星たちが夜空を飾るだけでなく、まるで星の花火のように流れ星も夜空を彩るからだ。それもそのはず、夏休みに入るやいなや、多くの流星群が活動するので、たくさんの流星が見られるのである。

流星群は、国際天文学連合で名称が決まり、確立されたものだけで95もあり、現在でも増え続けている。ただ、年間を通して多い時期と少ない時期がある。春は少なく、夏になると多い。たとえば2月の流星群はたった3つと年間最少である。3月には3つ、4月には7つ、5月には7つと増えていくものの、10は超えない。これに対して、7月の流星群数は14と、年間の流星群数でいえば、12月の15に次いで第2位なのである。8月は8つとやや減ってしまうが、なんといっても8月中旬のペルセウス座流星群があるので、流星数そのものは断然、多い月になる。したがって7月から8月の夏休みの時期は流星を眺めるには最高の時期なのである。

さて、夏の主役となるペルセウス座流星群は、その極大期にあたる11日から13日にかけては明るい月明かりに邪魔され、観察条件は悪いことも多い。(この流星群の詳しい話は、「夏休みの星花火 ―流星群を眺めよう―」58頁参照)こんな年は、ペルセウス座流星群の前座として活動する7月の流星群にぜひ注目してほしい。14もある7月の流星群の中でも注目は、みずがめ座に放射点(放射点についても、同項目参照)をもつ流星群である。みずがめ座には5月にもハレー彗星を起源とする流星群があり、そちらを「みずがめ座エータ(η)流星群」、7月に活動する流星群を「みずがめ座デルタ(δ)南流星群」「みずがめ座デルタ北流星群」と呼び分けている。南北どちらも出現数はそれほど多くはない。

流星群を楽しもう(2022年1月4日午前4時24分から5時30分に出現した流星部分を比較明合成。佐藤幹哉氏撮影、国立天文台提供)

南の流星群の方が、活動は明瞭で、理想的な条件で観察できれば、1時間に10個程度である。とはいえ、なにしろダブルで活動することもあり、この時期の流星数増加に寄与している。その活動は7月中旬頃から眺められ、8月上旬まで続く。極大は7月の27日から29日頃だが、流星数が極大時期に急激に増えるタイプの流星群ではない。その放射点はやぎ座の尾の少し東側、秋の1等星フォーマルハウトの上にあり、21時過ぎには昇ってくるので、明け方までほぼ一晩中眺めることができる。

もうひとつ、7月の代表的な流星群が「やぎ座アルファ（α）流星群」である。なんといっても、この流星群に属する流星は特徴的で、印象が強い。かなりゆっくりと流れる上に、とても明るく輝くものが多いのである。中には、流れている途中で何度も爆発的に明るくなったりするものもある。流星の中でも特に明るいものを火球《かきゅう》と呼んでいるが、この時期に見られる火球は、やぎ座アルファ流星群に属するものが少なくない。極大は7月30〜31日頃とされている。1時間あたりの出現数は、せいぜい5個程度と、みずがめ座デルタ南流星群よりも小規模なのだが、なにしろ一つ一つの流星が印象的で、とても目立つ流星群である。放射点はやぎ座の頭部のやや北側にあるため、夕方日が沈んで暗くなったときには、すでに地平線上には昇っている。そのため、宵のうちから明け方に明るくなるまで、ほぼ一晩中眺めることができる。

月明かりが無ければじっくりと暗い流れ星まで観察できるので、星のよく見えるところに出かけて、これらの流星群を眺めてみよう。

（Vol.85/2014.7.15）

ケンタウルス座プロキシマ星に惑星発見？

２０１６年8月、驚くべきニュースが流れた。太陽系に最も近い恒星系、ケンタウルス座アルファ星系をなす恒星のひとつ、ケンタウルス座プロキシマ星に惑星が発見されたというのである。しかも、その惑星は地球型の可能性が高い上に、ハビタブルゾーンにある、つまり、その表面には海がある可能性が高く、生命発生に適切な環境かもしれないというのだ。プロキシマ星がケンタウルス座アルファ星の伴星と指摘されたのが１９１５年。それから１００年を過ぎての大ニュースである。

ケンタウルス座アルファ星は、日本からはいささか見えにくい南天の1等星である。沖縄などでは見ることができるが、望遠鏡で眺めると約0等級のA星と、それよりやや暗いB星との連星であるのがわかる。このふたつの星の平均距離は土星と太陽の距離程度の11天文単位ほどで、周期80年で公転している。ところがプロキシマ星は、そのふたつからずっと遠方にある。その距離は1万５０００天文単位で、A星B星の周りを50万年から１００万年の周期で公転しているとされている。こうなると連星というよりも、単独星といってもよいようなものだが、どうも空間運動から見て、やはり連星となっているらしい。そして、太陽系からの距離はというと、A星B星は4・4光年であるのに対して、プロキシマ星は4・24光年とわずかに近い。したがって、我々に最も近い恒星ということになる。

ハッブル望遠鏡が捉えたケンタウルス座プロキシマ星
(ESA/Hubble & NASA)

プロキシマ星そのものは、太陽に比べて小さく、表面温度も低い。見かけの明るさも11等級と肉眼では見ることはできない。スペクトル型でいうとM型で、直径は太陽の約7分の1、表面温度は3000度ほどである。そのため、この恒星の周りをまわる惑星で、表面に液体の水が存在する可能性のある領域、いわゆるハビタブルゾーンは、ずっと恒星に近い場所になる。今回、発見された惑星(プロキシマ星B)も星からわずか0・05天文単位、つまり約750万キロメートルという至近距離を、たった11・2日という周期で公転しているという。まさにこの星のハビタブルゾーン内なのである。また、今回の発見は、プロキシマ星Bが惑星の公転運動で揺れ動いている様子を観測する、いわゆるドップラー法という方法で成し遂げられたもので、惑星の質量は下限値しか求められないが、それも地球の1・3倍と地球型惑星である可能性は高いのである。

ただ、海を持つ「第2の地球」であっても、地球そのものとはかなり性質が異なることが考えられる。これだけ恒星に近い惑星だと、恒星からの影響が強すぎるからだ。そのため、この惑星は自転と公転の周期が一致し、同期している可能性が高い。地球の周りの月のような状態である。すると、恒星側の半球は暖かく、夜側は常に寒くなる。大気があれば、その差は少なくなるが、昼側半球と夜側半球の中間領域、つまり常に明け方か夕方の状況のような場所が、生命にとってはよさそうである。宇宙から見ると、半分は凍っていて、昼側には海がある様子が、まるで目のように見えるだろうというので、こうした地球型惑星を「アイボール・アース」と呼ぶこともある。果たして、プロキシマ星Bは「アイボール・アース」なのだろうか。一方、生命にとって過酷な環境も予想される。というのも、プロキシマ星そのものが、くじら座UV型閃光星という特殊な変光星なのだ。このタイプの恒星は、太陽に比べてもきわめて桁違いの大規模なフレアを発生させ、星の明るさが何倍にもなるだけでなく、太陽の数百倍もの強力な紫外線やX線を発するのである。これらは恒星に近い惑星であるプロキシマ星Bの表面に生命が発生しているとすると致命的な影響を及ぼすことにもなりうる。

いずれにしろ、われわれに最も近い恒星が、このような地球型惑星をハビタブルゾーン内にもっているという事実は、第2の地球がそれほど希ではないということを示している。かつて、太陽型の恒星の周囲の地球型惑星だけが注目されていたのだが、考えてみると太陽よりも小さな、プロキシマ星Bのような恒星の方が圧倒的に数は多い。そういった恒星の周囲に地球型惑星が、このようなペースで発見されていくとすれば、第2の惑星の個数は、これまで考えていたよりもきわめて多くなるはずだ。もし、「アイボール・アース」に生命が発生し、進化し、文明をもつケースがあるとすれば、彼らから地球を見ると「あんな熱い恒星の周りで、くるくると365回も自転するような不安定な惑星の上には、知的生命は生まれようがないはず」と思っているのかもしれない。いずれにしろ、生命が発生しているとすれば「アイボール・アース」の方が圧倒的に多いはずである。プロキシマ星Bの惑星発見は、われわれの概念を大きく変えるきっかけになりそうである。

（Vol.111/2016.9.14）

3度目の七夕を楽しもう

夏ももう終盤という時期に七夕の話題というのは、いささか間が抜けているように感じられるかもしれない。ところが、しばしば例外の年がある。8月下旬に旧来の七夕の夜がくることがあるからである。

ご存じのように、七夕というのは7月7日に行われる星祭りである。ところが、昔使っていた暦、いわゆる旧暦と呼ばれている暦は、現在我々が使っているものとは全く異なっている。旧暦は月を基準としていたため、日付が月齢とほぼあうように作られている。すなわち毎月の1日が新月、15日がほぼ満月になるのだ。いまでも1日を「ついたち」と呼ぶが、これは月が立つという意味であり、また満月近い丸い月を十五夜などと呼ぶが、これらはいずれも旧暦の名残である。

その旧暦での7月7日は、現在われわれが使っている、太陽を基準とした暦とは当然ながら日付は一致しない。いわゆる旧暦の7月7日は、8月上旬から下旬のどこかに相当するのである。国立天文台では、この昔ながらの七夕を「伝統的七夕」と称して、広く報じることにしている。旧暦は明治5年に廃止され、日本では公式に月に準拠した暦は存在しないものの、独自の計算によって、伝統的七夕を定義・計算し、公表しているのだ（「伝統的七夕を楽しもう」66頁参照）。それが、8月下旬になることもある。例えば2025年は8月29日になる。

そう考えると、なんだか得した気分になる。なにしろ、七夕は3回も楽しめるのだ。現在の暦での7月7日、そして、いわゆる月遅れの8月7日前後、そして本来の伝統的七夕である。最初の七夕は、もちろん学校行事などでもお馴染みだし、月遅れの七夕は仙台などの大規模なお祭りとして定着している。そして、8月下旬の3度目の七夕だ。

伝統的七夕の夜には、南西には必ず月齢が6前後の月が輝いている。上弦前のやや細身の月となるが、その月が沈む頃には夏空を分かつ天の川が現れ、その両岸に織姫星と彦星を眺めることができる。もちろん、光害の強い都市部では天の川は見えないが、少なくとも1等星である織姫と彦星は見えるはずである。

七夕の行事はもともと中国が起源だが、現在の中国ではそれほど大きなお祭りとしては伝わっていない。日本では、平安時代には貴族の間で星祭りとして受け入れられ、特に平和な時期が続いた江戸時代には庶民のイベントとして定着していったようだ。その頃の江戸市中の七夕祭りは、とても盛大に行われていて、どの家でも軒の上高くに竹を飾り、その装飾や長さを競っていたという。その様子は、歌川広重の「大江戸市中七夕祭」や、葛飾北斎の富嶽百景「七夕の不二」に描かれている。また、松本や姫路など、地方によっては七夕にちなんで人形を飾ったりしたところもあるようだ。それぞれ地方色豊かな伝統的七夕をぜひ楽しんでみてはいかがだろう。

（Vol.122/2017.8.25）

「名所江戸百景　市中繁栄七夕祭」（初代歌川広重画、東京都立中央図書館蔵）

IIII

秋

アンドロメダ座に浮かぶ雲の正体

秋の夜の天高く、4つの星がやや歪んだ四辺形をなしているのがわかるだろう。秋を代表する星座、空を駆ける白馬ペガススの姿で、ペガススの四辺形と呼ばれている。目立つ星の少ない秋の夜空では、最も目立つ星の並びだ。四辺形はペガススの胴体で、そこからいるか座に向かって3つの星が長い首となり、さらにいくつかの星がはくちょう座に向かって2本の前足となって伸びている。そのように星をつないでいくと、なるほど馬の形に見えてくるから不思議である。

ところが、このペガススは後ろの部分の胴体がない。四辺形の一番北東の星は、実はアルフエラッツと呼ばれるアンドロメダ座のアルファ星である。アンドロメダ座という星座は、ギリシア神話で、エチオピア王室のお姫様だ。絶世の美女だったアンドロメダを妬《ねた》んだ海の妖精たちが、エチオピアへ化け鯨を差し向けたため、生け贄にささげられ、鎖につながれていたところを、勇者ペルセウスに助けられる。星座では助けられる前の、鎖につながれた姿に見立てられている。アルファラッツは、アンドロメダ姫の頭に相当し、四辺形からペガススの頭とは逆に伸びる星の並びが、お姫様の形に見立てられている。

美しい星空のもとで、このアンドロメダ姫のちょうど腰のあたりをよく見ると、なにやらぼーっと雲のようなものが浮かんでいることに気づくであろう。これが、月の直径の3倍以上もあるアンドロメダ座の大銀河である。以前から、その存在はよく知られており、まるで雲のように見えるので、かつてはアンドロメダ大星雲とも呼ばれていた。ちょっと天文通の人なら、M31とも呼ぶ。Mというのは、フランスの天文学者シャルル・メシエ（1730－1817）の頭文字で、彼が作った星雲状天体のカタログの31番目という意味だ。もともと、同じく雲のように見える彗星を捜索する必要上、邪魔になる天体ということでリストアップしたのだが、そのおかげでアンドロメダ大星雲のように明るい星雲状天体は、メシエ・カタログに網羅されることになった。それらの天体はメシエ（M）天体と呼ばれている。

アンドロメダ銀河:M31（国立天文台提供）

ところで望遠鏡の性能がさらに良くなってくると、これらの星雲の中に形状の定まらない、本当に雲のようなものと、円盤状あるいは渦巻き状のパターンをもつものとがあることがわかってきた。19世紀になると、これらの雲は基本的に全く別種のものなのではないか、という疑問がわいてきた。当時は、われわれの太陽が属する銀河系の大きさもよくわかっていなかったのだが、それでも天の川の星の分布から、われわれは無数の星の集まりの中にいることがわかってきた。もし、こういった星の集まりが、非常に遠くにあるなら、それらは一つ一つの星に分解できず、全体として雲のように見えるはずだ。わが銀河系も、天の川の形から想像すると円盤状のはず。雲の中には円盤を真横から見たようなものや、斜めから見たようなもの、また正面から見たようなものもあった。これらは銀河系と同じく、非常に多数の星が集まっているものではないか、と考えられていったのである。

こういった仮説が証明された場所が、メシエ天体の中でも、最も明るく、大きい雲だったアンドロメダ大星雲だ。1925年、アメリカの天文学者エドウィン・ハッブル（1889－1953）が、ウィルソン山天文台の口径2・6メートル望遠鏡で、星雲中に明るさを変える変光星を初めて発見したのだ。この変光星は、星の中でもきわめて明るい脈動型《みゃくどうがた》変光星と呼ばれるもので、その周期は星の本来の明るさに関係がある。つまり脈動型変光星は、明るさの決まった燈台の役目をしている重要な天体なのだ。脈動（膨張・収縮を繰り返すこと）の周期を知ることができれば、見かけの明るさから、その星までの距離が推定できる。ハッブルは40個ほどの脈動型変光星から、アンドロメダ大星雲の距離を68万光年と算出した。これは当時考えられていた銀河系の直径10－30万光年を大きく超える数値だった。現在では、その距離はさらに広がり、250万光年とされている。

いずれにしろ、アンドロメダ大星雲は、われわれ銀河系の中の星雲ではなく、銀河系と同じ様な星の集合体：銀河であることが判明し、名称もアンドロメダ大銀河となったわけだ。これ以降、無数の星の集合体である銀河と、銀河系の中にあるガスの雲：星雲とが天文学的に区別されるようになった。アンドロメダ大銀河をはじめとする「銀河」の発見こそ、われわれが住んでいる銀河系が宇宙の唯一の存在ではなく、無数に存在する銀河のひとつに過ぎないことを認識する貴重な転換点といえる。

そんな貴重な視点を与えてくれたアンドロメダ座の大銀河の姿を、ぜひ自分の目で眺めてみてほしい。その光は、今から250万年ほど前、つまりわれわれ人類がまだ原人の段階の頃に発せられたもので、肉眼で見える天体の中で最も遠いものなのだ。

（Vol.12/2006.11）

明るさを変える不思議な星

夜空に輝く星座を形作っている恒星も、すべて同じというわけではない。眺めてみれば、すぐにわかるように、赤い星から青白い星まで様々な色の違いがある。詳しく見ると、接近してふたつの星がくっつきあっているようなものもある。中には、ふたつではなく、いくつもの恒星がお互いの周りをまわりあっているようなものさえある。恒星も変わり種に満ちている。

明るさを変える恒星もある。ちなみに太陽の明るさはほぼ一定なので、地球は安定して暖かいままでいられる。そう思えば、明るさをほとんど変えない太陽というのは実にありがたい存在である。明るさを変える星は「変光星」と呼ばれている。変光星にも様々な種類があって、これまたバラエティに富んでいる。一定の周期で変光するものもあれば、微妙に周期がずれていくもの、あるいは周期が全く不規則で予測がつかないものさえある。周期が決まっているものでも、数時間という短いものから数年、ときには数十年という長いものまで、実に様々である。変光星は、一般に暗いものが多く、肉眼で見えるものは少ない。変光する幅、つまり暗いときと明るいときの差が小さいと、天体観測装置を使わないと変光していることさえわからないことも多い。

そんな中にあって、肉眼でもはっきりと、その明滅がわかる変光星はいくつかある。その代表が、くじら座の中央部にあるミラだろう。なにしろ、最も明るいときで2等星となり、東京の夜空でも、肉眼でもはっきりわかるほどになる。しかし、極大を迎えると次第に暗くなりはじめ、やがて数ヶ月もすると、肉眼で見るのが困難なほどになってしまう。星座の形が結べなくなるほど暗くなるのである。最も暗いときには、その光度は10等ほどなので、望遠鏡を使わないと見ることができない。332日という長い周期をもつミラは、16世紀に、周期的な変光が認識された最初の変光星といえるだろう。

名前は「不思議なもの」という意味のラテ

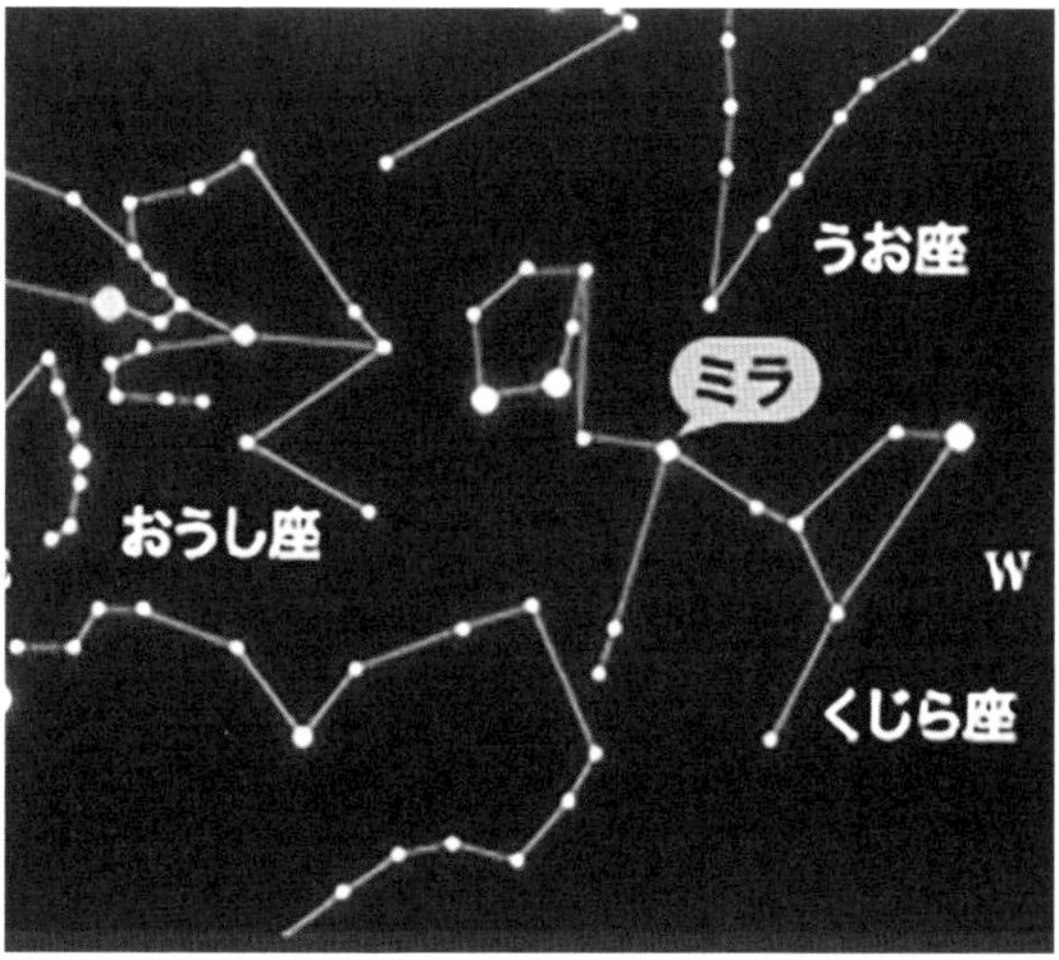

2月中旬20時頃、くじら座付近（ステラナビゲータ/アストロアーツ）

ン語に由来する。いまでは、おおよそ数ヶ月から十数ヶ月の周期をもつ同じような変光星がたくさん発見されていて、まとめて「ミラ型長周期変光星」と呼ばれている。イエス・キリストが生まれたときに、東方の3人の博士をイエスのもとへ導いたというベツレヘムの星の正体は、惑星の集合ではないか、あるいは超新星ではないか、彗星ではないかという諸説あるのだが、極大時のミラだったのではないか、という説もあるほどだ。

このタイプの変光星は、脈動型に分類される。年老いた星は、一時的に不安定となって、星そのものが膨張したり、収縮したりを繰り返すようになる。この振る舞いを脈動と呼ぶのだが、その星の大きさの変化によって明るさが変化するわけである。大きく膨張すると、表面温度は低くなって全体として光度は下がって暗くなり、小さく収縮したときには明るくなる。このあたりも詳しい理由は述べないが、日常的な感覚とはちょっと異なるかもしれない。

そんな不思議な星、ミラをぜひ眺めてみてほしい。ミラを見つけることができたら、しばらく何日かおきに眺めてみるといいだろう。周りの星々と明るさを比べてみると、次第にミラが暗く(明るく)なっていくのがわかるはずだ。写真撮影ができる人なら、くじら座の写真を撮っていくと、変光の様子がわかるかもしれない。ただ、春になるとミラは西空に沈んでいき、見えなくなってしまう。星座の形が変わってしまうほど明るさを変える星を是非眺めてみよう。

(Vol.15/2007.2)

みなみのひとつ星の輝き

秋になると、虫の声の種類も変わり、朝夕の涼しさにも、その気配を感じる。夜空も例外ではない。真夏の夜を彩っていた織姫・彦星をはじめ、天の川の両岸に輝く1等星たちが織りなす絢爛豪華な夏の星座は、すでに西の空に沈みかけている。そして、その代わりに東の空から昇ってくる秋の星には目立つものが無く、まさに寂しげな星空である。

唯一、その寂しい夜空で輝きを放っているのが、秋の夜空ではたったひとつの1等星：フォーマルハウトである。みなみのうお座というちょっと変わった名前の星座の口にあたる部分に輝く星で、名前の通り、南の空の低い場所にある。

星座の名前は伝統的に北の空から作られていったので、しばしば北天の星座と同じような星の配列には「みなみの…」と命名されている星座がある。たとえば、かんむり座に対して、みなみのかんむり座、さんかく座に対してみなみのさんかく座という具合に、それぞれ対になっている。みなみのうお座は、同じ秋の星座で黄道十二星座のひとつで有名な、うお座と対をなす星座である。

だが、みなみのうお座の形をたどるのはなかなか難しい。なにせ、この星座の中で、フォーマルハウトに次ぐ2番目の星が4等星という暗さ。2等、3等の星は全くないからである。それればかりではない。フォーマルハウトの周り、半径20度の円内には、その2等星でさえたったふたつしかない。そのふたつさえも、フォーマルハウトよりさらに南にある、つる座という星座に属している。日本からはほとんど南の地平線ぎりぎりになってしまうので、このふたつの2等星も大気の減光を受けて、非常に目だたない明るさになってしまい、条件によっては見えないことさえある。

いずれにしろ、フォーマルハウトの孤独さは一層、引き立てられることになる。星の少ない夜空で、ただひとつ、秋風に吹かれながらきらきらと輝いている様子は、まさに秋の季節感とぴったりである。日本ではしばしばフォーマルハウトのことを「あきぼし」とか「みなみのひとつ星」と呼ぶ。この名前は、英文学者の野尻抱影《ほうえい》が命名したものだが、フォーマルハウトの特徴をうまく捉えているばかりではなく、独特の音の響きも素晴らしいので、筆者の大好きな星の和名のひとつである。みなみのひとつ星という名前は、もともとは真冬に地平線すれすれに出現するカノープス(「寿星」159頁参照)を指す名称として用いた地方もあったようである。

天文学的にはフォーマルハウトは、太陽よりもかなり若い恒星で、その年齢は約2億歳と考えられている。そこそこ明るく、われわれから25光年の距離にある近い恒星であるため、いくつかおもしろい事実が判明している。

ひとつはフォーマルハウトの周りに、チリの円盤があることだ。星の周りにチリがあれば、星の光を浴びて暖められ、赤外線や電波を出す。したがって、チリが大量にあれば、可視光では何もないように見えても、赤外線や電波で観測すると星の周りのチリが見えてくるのである。若い星の周りの円盤に含まれるチリの一部は、やがて長い年月をかけて衝突合体を繰り返し、どんどん成長して、太陽系のような惑星を作っていくのかもしれない。フォーマルハウトの周りにあるチリの円盤では、中心の星の近くでチリが少なくなって、穴があいたドーナッツのようになっているらしい。もしかすると、すでに惑星が成長しているため、その材料であるチリが少なくなってしまっているのかもしれない。

みなみのうお座の口で輝くフォーマルハウト
（1999年8月10日、長野県小海町、栗田直幸氏撮影・提供）

フォーマルハウト（NASA, ESA, and the Digitized Sky Survey 2. Acknowledgment: Davide De Martin（ESA/Hubble））

もうひとつの大事な事実は、赤外線の観測によって、その円盤には氷の存在が示されたことである。土星の環の中にも氷が存在するが、おそらく、チリの円盤中には、細かな砂粒のようなものだけではなく、彗星のかけらのような氷塊がたくさん含まれているのだろう。そういえば、みなみのうお座は、その北にあるみずがめ座からこぼれ落ちた水を飲んでいる魚をかたどった星座である。フォーマルハウトという名前も「魚の口」という意味だ。星座神話と現代天文学の発見が結びつくのは、おもしろい偶然である。

水がこういった形でチリの円盤に存在すれば、そこから生まれた（または、生まれるであろう）惑星が、地球のように水に富んだ惑星になっていてもおかしくはない。そして、あと何億年か、あるいは何十億年か経過すると、地球と同じような水の惑星の上に生命が誕生し、われわれと同様に、この宇宙に思いを馳せるようになるかもしれない。天文学者は知的生命体の発生に関しては、非常に楽観主義者が多い。フォーマルハウトの例を待たずに、宇宙のどこにでも水があるし、アミノ酸ぐらいは暗黒星雲の中で合成されている。液体の水が安定に存在する環境さえあれば、そして、その適切な環境がしばらく続きさえすれば、生命は宇宙のどこにでも発生しうるのではないか。そう考える天文学者が多いのである。秋の空にひとつ、ぽつねんと輝くフォーマルハウト。その輝きは、地球のように水をもつ惑星は、莫大な数の恒星がある銀河系宇宙の中で、たくさんありそうだというロマンあふれる可能性を教えてくれている。

（Vol.22/2007.9）

3000年以上前のハレー彗《すい》星《せい》のかけら

流星群について、「夏休みの星花火 —流星群を眺めよう—」（58頁参照）という題で紹介しているが、秋の10月には、また違った流星群が活発な出現を見せてくれる。オリオン座流星群である。この流星群は、毎年10月中旬から下旬に散見されるものである。流星群とは、主に彗星から放出されるダスト（砂粒）の流れに、地球が遭遇したとき、そのダストが群れをなして地球大気に飛び込む現象である。オリオン座流星群の場合、ハレー彗星から放出された塵粒が、秒速60キロメートルという高速で地球へ突入し、大気中で流れ星として輝くものだ。

オリオン座流星群は中堅規模の流星群で、通常はそれほどたくさん出現するものではない。条件のよい、空の暗いところで観察しても、1時間あたり、せいぜい10〜20個程度しか見ることができない。ペルセウス座流星群や、ふたご座流星群よりも規模が小さな流星群である。ところが、この流星群に事件が起きたのは2006年であった。2006年10月21日頃、オリオン座流星群とは思えないほど、たくさんの流れ星が出現したのである。通常の出現数の倍以上、

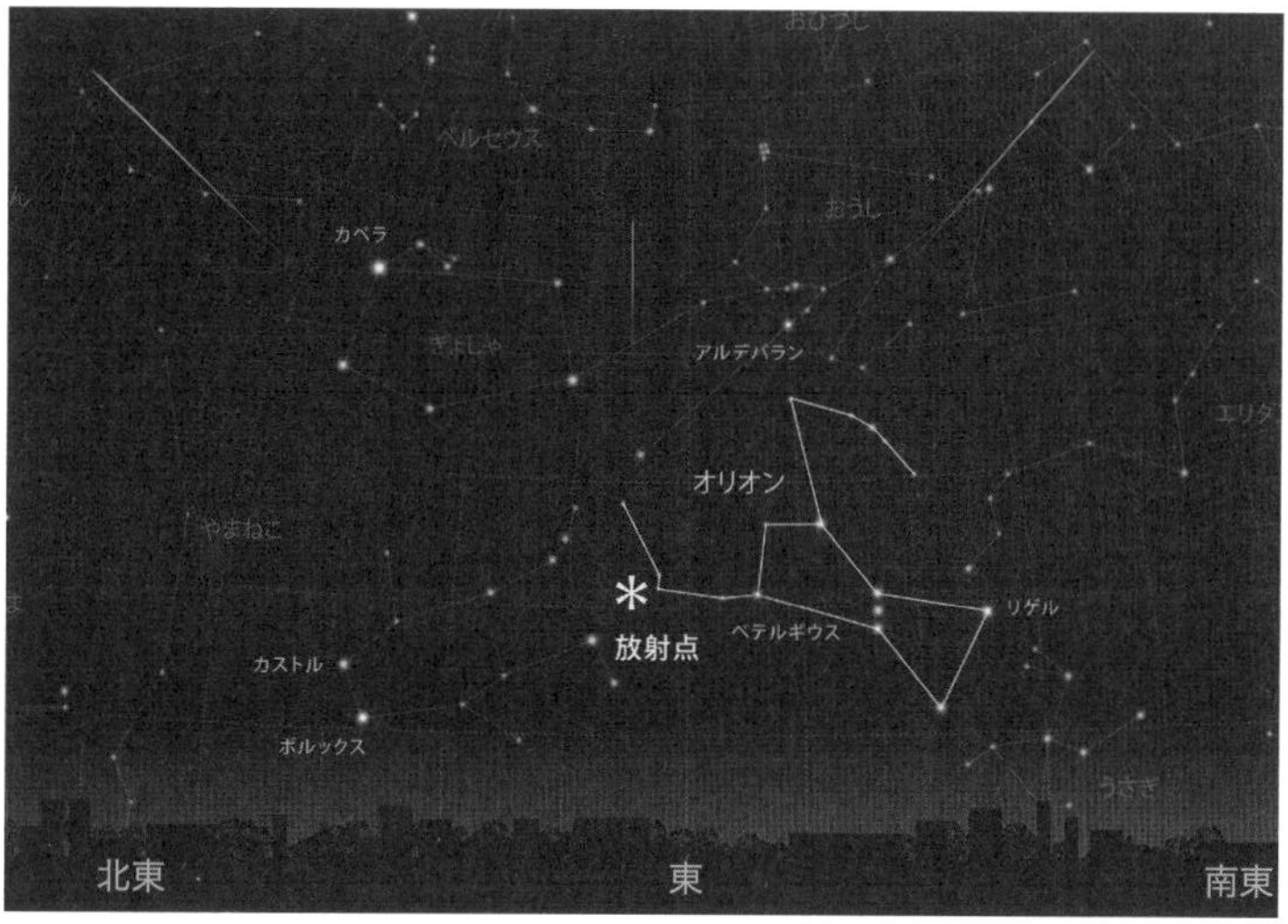

2018年10月21日21時頃、東京（国立天文台提供）

1時間あたり50個を超え、なかには100個を数えた人までいたほどだ。オリオン座流星群としては、過去最大級の出現を記録したのである。

どうして、突然オリオン座流星群が活発な出現となったのか？　その謎は、われわれが解き明かすことになった。国立天文台の佐藤幹哉《みきや》広報普及員と私は、紀元前1400年から現在までのハレー彗星の軌道を用いて、彗星から放出されたダストが、どのように分布し、軌道進化をしているかを計算してみた。その結果、ハレー彗星が紀元前1266年、同1198年、同911年に太陽に近づき、そのときに放出されたダストが、2006年に群れをなして地球軌道に接近していることがわかったのである。2006年の出現の原因になったのは、ざっと3000年ほど前の古いダストだったわけである。さらに、これらのダストの群れは、通常の年には地球軌道には近づかないこともわかった。突然の増加の原因を特定した研究成果は、2007年8月25日に発行された日本天文学会欧文研究報告に論文として掲載された。

ところで、この論文が発表されると、世界各地の流星研究者から問い合わせのメールがやってくるようになった。どれもが、「おまえたちの計算では、2007年の出現の予測は、どうなっているか?」というものであった。論文には、2007年の出現予測については触れていなかったからである。早速、2007年の状況を計算してみたところ、2006年には及ばないものの、2007年にも流星の出現数が増える可能性があることが判明した。

ダストの密集部分と地球との接近が起きるのは、日本時間の10月20日20時頃と10月22日2時~5時頃と予想された。前者が紀元前1266年に放出されたダスト、後者が紀元前1198年に放出されたダスト、つまり2006年の出現を引き起こしたダストの群れである。日本では、前者の時間帯は観測できないが、後者の時間帯で夜となり、東から放射点があるオリオン座も昇ってくるので、観測可能であった。また月は夜半過ぎに沈むので、月明かりの影響がなく観測できるため観測条件はよい。古いダストの群れなので、出現数はなだらかに変化し、鋭いピークはないと思われた。ただ、出現数そのものは2006年よりも少ないと予想された。

２００６年は、地球がダストの群れの密集部のもっと濃いところを通過したからである。実際には例年（1時間に10～20個）よりも少し多い程度となってしまう可能性もあった。（ただ、逆にいえば計算した年代よりもずっと前に放出されたダストの影響で、さらに多くの出現がある可能性も否定はできない。まだまだ研究ははじまったばかりで、すべてがわかったわけではないのである。）

実際に２００７年には1時間あたり数十個程度の出現が見られた。２００９年頃まで活発な出現が見られたが、現在では通常の活動に戻っている。

オリオン座流星群もスピードが早い、明るく輝く流星もあるのだが、暗い流星も多いので、市街地など明るい空のもとでは、さらに少なくなってしまうだろう。できる限り、暗い夜空で眺めるようにしたいものである。

実に３０００年前、縄文時代か弥生時代の頃に、ハレー彗星から放出されたダストが、地球大気で光り輝き、流星になる。そんな、ちょっと夢とロマンにあふれたオリオン座流星群に、ぜひ注目してみてほしい。

（Vol.23/2007.10）

北の夜空に浮かぶ錨星《いかりぼし》

秋の夜空、北の夜空には、北極星の周りをぐるぐるまわっているだけで、地平線の下に沈まない星々がある。これらは周極星とよばれている。もちろん、観察する場所の緯度によって、周極星はずいぶんと違ってくる。当然、緯度が高いほど北極星の見かけの高度も高くなるため、周極星も多くなる。

北海道北部では、あの有名な北斗七星のどの星も北の地平線に沈むことはなく、一年中見ることができる。まさに周極星になっているのだが、沖縄まで行くと北斗七星の7つの星はひとつ残らず地平線の下に沈んでしまう。北斗七星と並んで、北の夜空で有名な星座といえば、5つの星がW字型をなすカシオペヤ座だろう。このW字の5つの星は、沖縄ではやはり地平線にすっぽり沈んでしまうのだが、北斗七星より北極星に近いため、関東地方あたりでは、すべてが周極星になっている。このカシオペヤ座が北の空高く昇ってくるのが、秋の季節になる。9月中旬だと、20時頃には北東の空に、Wの字を縦に並べた形で昇ってくるのがわかるだろう。

W字をなす5つの星のうち、ふたつが2等星で、残り3つが3等星だが、何しろ明るい星の少ない秋の夜空、特に北の空では、よく目立つ星座である。日本では、このW字型を山に見立てて、山形《やまがた》星と呼んでいる。また漁師の間では船を係留する錨の形に見立てて、錨星《いかりぼし》と呼んだりしていたそうである。

10月頃の東京の空（国立天文台提供）

夏の夜には、カシオペヤ座は夜明け前になると北の空に高く上がってくる。そうすると、漁師たちは「錨星が高くなったので、夜明けが近い」といって、時刻の目印にしていた。まさに北極星をまわる周極星ならではの使い方ではある。もともと星をよく見る文化は、メソポタミアやエジプトなど砂漠で発達した文明の中で時刻や季節そして方角を知る必要から生まれているのだが、日本でもこうした使い方がされていた証拠であろう。もちろん、現代では時計があるので、こう

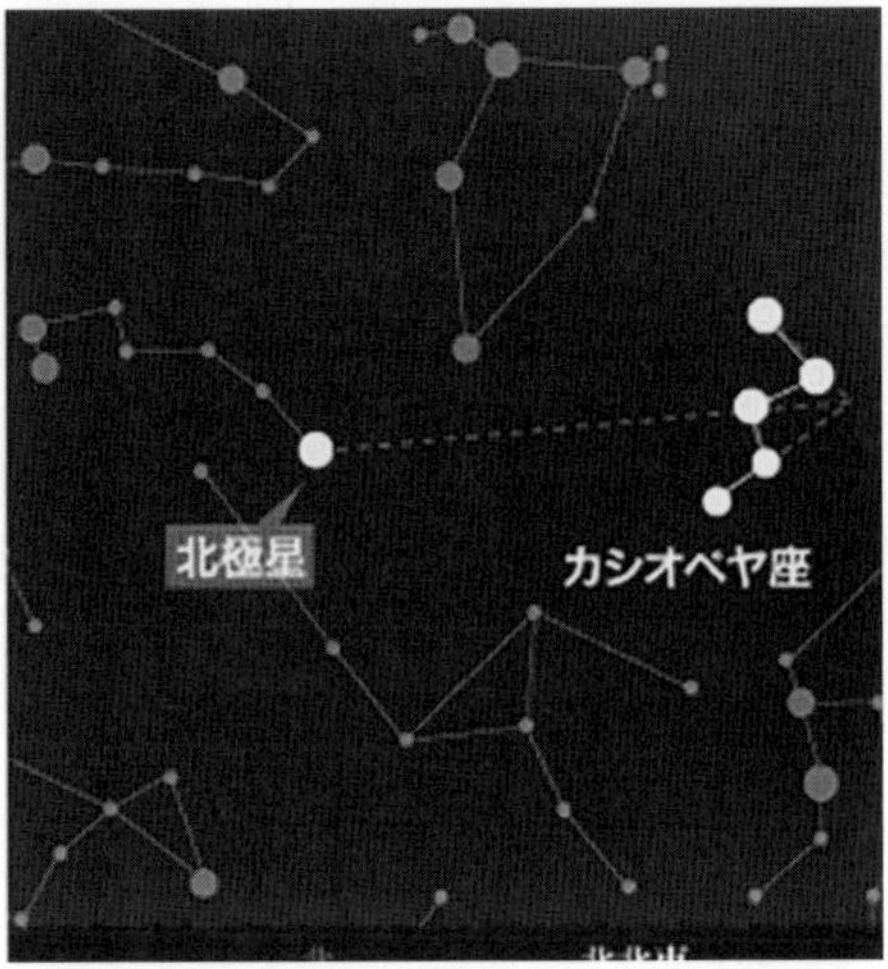

カシオペヤ座から北極星を見つけてみよう。9月中旬20時頃（ステラナビゲータ/アストロアーツ）

した星を使って時を知る必要はなくなっているのだが。

ところで、カシオペヤ座は北極星を探す目印となる星座としても、北斗七星と並んで有名である。皆さんも小学校などで習ったことをおぼえている人もいるだろう。まず、W型のそれぞれの端のふたつの星を結んで伸ばし、交点を作る。その交点とW型の中心の星を結び、それを約5倍ほど伸ばすと、北極星にたどり着くのである。北斗七星に比べるとやや複雑な探し方になるので、慣れないとわかりにくいかも知れない。秋だと、北斗七星は北の地平線近くにあり、見にくくなっているため、かわりにカシオペヤ座が使われることが多い。しかし、これも先の例と同様、ＧＰＳなどが発達した現代では、実際にこのようにカシオペヤ座や北斗七星を使って方角を知る人は、ごく一部の天文ファンに限られているに違いない。

（Vol.34/2008.9）

秋の四辺形を眺めよう

秋の夜に、真上を見上げると、天高く4つの星がやや歪んだ四辺形をなしているのがわかるだろう。秋を代表する星座、空を駆ける白馬ペガススの姿で、秋の四辺形またはペガススの四辺形とも呼ばれている。それほど目立つ星の少ない秋の夜空では、最も目につく星の並びである。四辺形はペガススの胴体となっている。四辺形の最も南西の星から、西側のいるか座に向かって、3つの星が長い首となって伸びている。さらに、四辺形の北西の星から、いくつかの星がはくちょう座に向かって2本の前足となって伸びている。そのように星をつないでいくと、確かに力強く駆けていく、馬の形に見えてくる。ただ、これらの前足と長い首の部分の星は、さすがに暗いので条件の良い星空でないと見ることができない。また、南を向いて眺めると、馬の形は逆さまになっているので、できれば寝ころんで見るとよいだろう。ところで、このペガススは後ろの部分の胴体がない。四辺形の一番北東の星は、アルフェラッツと呼ばれるアンドロメダ座のアルファ星となっている。アンドロメダ座については、すでにアンドロメダ銀河の項(『アンドロメダ座に浮かぶ雲の正体』100頁参照)で紹介したが、神話でもペガススとゆかりの深い星座ではある。

ペガススの四辺形が真上に来る頃には、西の空に夏の星座たちが沈みかけている。夏の夜空のランドマークは、なんといっても夏の大三角である。一方、秋の四辺形が真上にくる頃になると、東からは冬の星座たちが顔を出すようになる。冬の夜空のランドマークは、冬の大三角である。ところで、四季の代表的なランドマーク:春の大曲線、夏の大三角、秋の四辺形、冬の大三角と並べてみると、秋だけが「大」がつかない事に気づく。あくまであだ名なので、どれが正しいということもないし、調べてみると「秋の大四辺形」としている本もあるが、なんとなく大四辺形という言い方は、しっくりこない。

第1の理由は、幾何学的形状の大きさが、秋の四辺形だけ小さいからだろう。四辺形の一辺は、長いところでも16度程度である。これに対して、夏の大三角では、最も短いベガとデネブの間でも24度ほどあり、長いところは40度近い。冬の大三角も25度を超えている。春の大曲線はいうまでもない。四辺形が最も小さいのである。

第2の理由は他の大三角や大曲線が、複数の星座をまたがるのに対して、四辺形だけは、ペガスス座だけで閉じていることだろう。もちろん、北東の星がアンドロメダ座なので、正確にいえばふたつの星座にまたがっているのではあるが、もともとこの星はアンドロメダ座とペガススス座とのふたつの星座を兼ねた性格をもつ。実質的に四辺形の星はペガススの胴体といってもいいであろう。大をつける合理的理由といえば、大きさだけでなく、このような判断基準が使えるのではないだろうか。したがって、これは筆者の独断ではあるが、秋の四辺形だけは「大」をつけない方がよいと考えている。

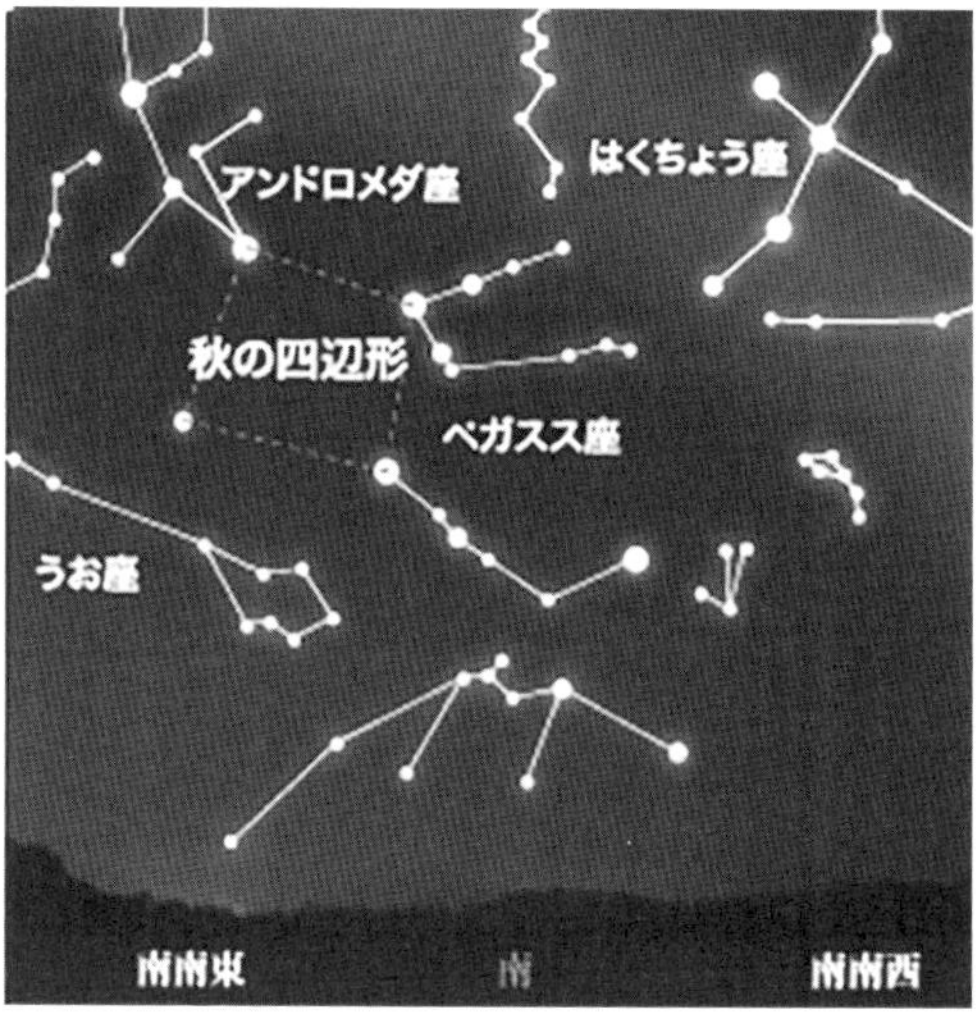

10月中旬20時頃、東京
(ステラナビゲータ/アストロアーツ)

ところで、ペガスス座が西へ降りていく頃、東から昇ってくるのが、オリオン座である。この星座に放射点があるオリオン座流星群は、毎年10月中旬から下旬に散見される流星群である。

オリオン座流星群は、もともと中堅規模の流星群で、通常はそれほどたくさん出現することはない。条件のよい、空の暗いところで観察しても、1時間あたり、せいぜい10～20個程度だ。極大は10月21日から22日とされている。ただ、活動は比較的長く続くので20日から24日頃までが要注意だろう。時間帯は、東から放射点があるオリオン座が昇ってくる22時頃から、空が明るくなる5時頃まで。ペガススの四辺形を貫く流星が眺められるかもしれない。できる限り、暗い夜空で眺めるようにしたいものである。

（Vol.47/2009.10）

南の地平線に顔を出す鶴

晩秋、大空を渡り鳥がわたる季節になると、星空にも渡り鳥が現れる。秋の星座の中では比較的、派手な印象のつる座である。もともと南の地平線ぎりぎりに見える星座であるため、日本での知名度は低いが、明るい星があるせいで、意外にわかりやすく、また探しやすい星座である。もし、地平線までよく晴れ渡った日があれば、南側が開けた場所で、ぜひ鶴の姿を探してみよう。

まずは真上を見上げ、前回紹介した秋の四辺形を見つける。秋の星座をたどるのは、ここからはじめるという秋の夜空のランドマークである。四辺形の西側のふたつの星を結んで、そのまま南へのばしていくと、秋の夜空の中ではひときわ目立つ1等星にたどり着く。2項目前に紹介した、みなみのうお座のフォーマルハウトである（『みなみのひとつ星の輝き』107頁参照）。フォーマルハウトの周りには目立った星がないので、すぐに見つかるだろう。日本では「あきぼし」とか「みなみのひとつ星」と呼ばれ、星の少ない秋の夜空で、ただひとつ、秋風に吹かれながらきらきらと輝いている。

フォーマルハウトが見つかったら、さらにその南、地平線付近に注目してみよう。比較的、明るい星がふたつ、地平線にほぼ並行に並んでいるのが見つかれば、しめたものである。西側の星がつる座のアルファ星、東側の星がベータ星だ。つる座で最も明るいアルファ星は1・7等と、もう少しで1等星の仲間入りができるほど明るい星である。この星はアラビア語では「アル・ナイル」と呼ばれ、もともとは魚の輝星という意味である。このアル・ナイルの隣に輝くベータ星も2等星と明るく、よく目立つ。このベータ星から、北西方向、斜め上に伸びる長い首の先にはガンマ星があり、「アル・ダナブ」と呼ばれる。3等星ながら、先のふたつの星よりも地平線から離れている分、やや明るく感じられる。また、ベータ星を中心にして、アルファ星までのばした線をちょうど反対側（東側）にぱたんと折り返すと、そこにはイオタ星という4等星があって、暗いながら東側の羽先を飾っている。こうして、アル・ナイルが鶴の左の羽、イオタ星が右の羽、ベータ星が首の根元、アル・ダナブが頭の部分で、これらの星を結ぶと、本当に鶴の形に見えてくるから不思議なものである。一般的に星の並びから、その星座にあてはめられている動物などが直感的にわかるような例というのは、それほど多くない。しかし、つる座は、その数少ない例といえるだろう。秋の南の地平線に、ほんの少しだけ首を出したつるの姿が容易に想像できる星座なのである。

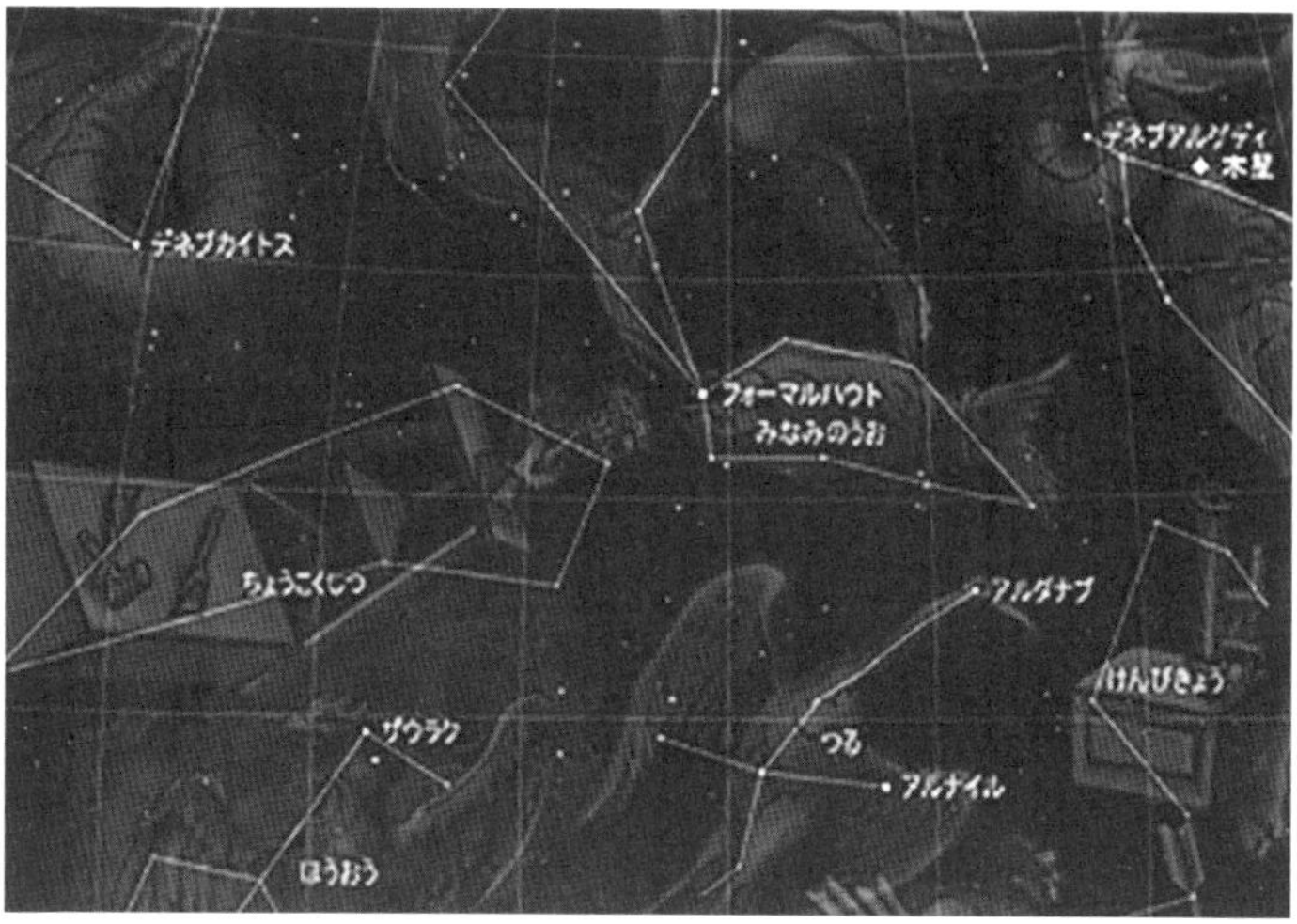

11月中旬の南の夜空に現れるつる座
（19時頃、東京。ステラナビゲータ/アストロアーツ）

もともと、つる座にちなむ神話はない。というのも古くからの星座ではないからである。17世紀の初めにドイツのバイエル（1572－1625）によって定められた星座で、もともとはそのすぐ上にあるみなみのうお座の一部だったらしい。バイエルも、この星の並びを見て、鶴を直感し、みなみのうお座から切り離して、新しい星座としたのではないだろうか。

筆者には、この星座にはちょっとした思い出がある。福島県のいわき市というところに住んでいた頃、集合住宅から南の方角には、鬼《おに》越《ごえ》という小高い山があって、山の向こう側に抜けるための切り通しがあった。その切り通しは、家からちょうど真南の方角になっていた。切り通しの部分を双眼鏡で眺めていると、南の星たちが東側の縁から現れては、日周運動に沿って次第に動き、やがて西側の縁に隠れていくのが見える。いったい、どの程度、南の星まで見えるのかと思い、秋の夜、ずっと眺めていると、最初につる座のアル・ナイルが現れ、しばらくして見えなくなった頃に、今度はベータ星が現れたのを鮮明に覚えている。これで、切り通しを通して見える南の星の限界がわかった。計算してみると、地平線上高度6度が限界であった。

関東以南なら、南の地平線がよく開けていて、地平線まで星のよく見える条件が揃えば、時間さえ間違えなければつる座は簡単に見つけることができる。ただ、北海道中央部あたりになると、アルファ星、ベータ星がちょうど地平線に昇るかどうかの限界となるので、一般的には首の部分しか見えず、羽の部分を見るのは難しい。北海道でつるの羽をなす、アルファ星、ベータ星がどこまで見えるのか、試すのも楽しいかもしれない。鶴は、夏の間はシベリア方面で過ごし、冬になると日本へとやってくる渡り鳥である。南の地平線に飛び立つような格好のつる座が見えなくなる頃、本物の鶴たちが日本にやってくる。

（Vol.48/2009.11）

おひつじ座を眺めよう

秋の星座の中で少しマイナーなのが、おひつじ座である。おひつじ座は黄道十二星座のひとつで、星占いなどでよく耳にするはずである。皆さんの中には、おひつじ座生まれの人もいることだろう。しかし、その知名度とは逆に、おひつじ座を眺めたことのある人は、ほとんどいないのではないだろうか。おひつじ座を構成する星は暗いために、星座としては目立たないからである。

しかし、それだからこそおひつじ座探しにチャレンジしたい。おひつじ座というのは、ギリシア神話では、金色の毛皮をもつ羊とされている。この羊の皮を手に入れるため、冒険に旅立つのがアルゴ船で、かつてのアルゴ座（りゅうこつ座、ほ座、らしんばん座、とも座に分割されている）となっている。

まずは秋の四辺形のずっと東を見てみよう。そこに、ふたつの星がやや離れて並んでいるのが

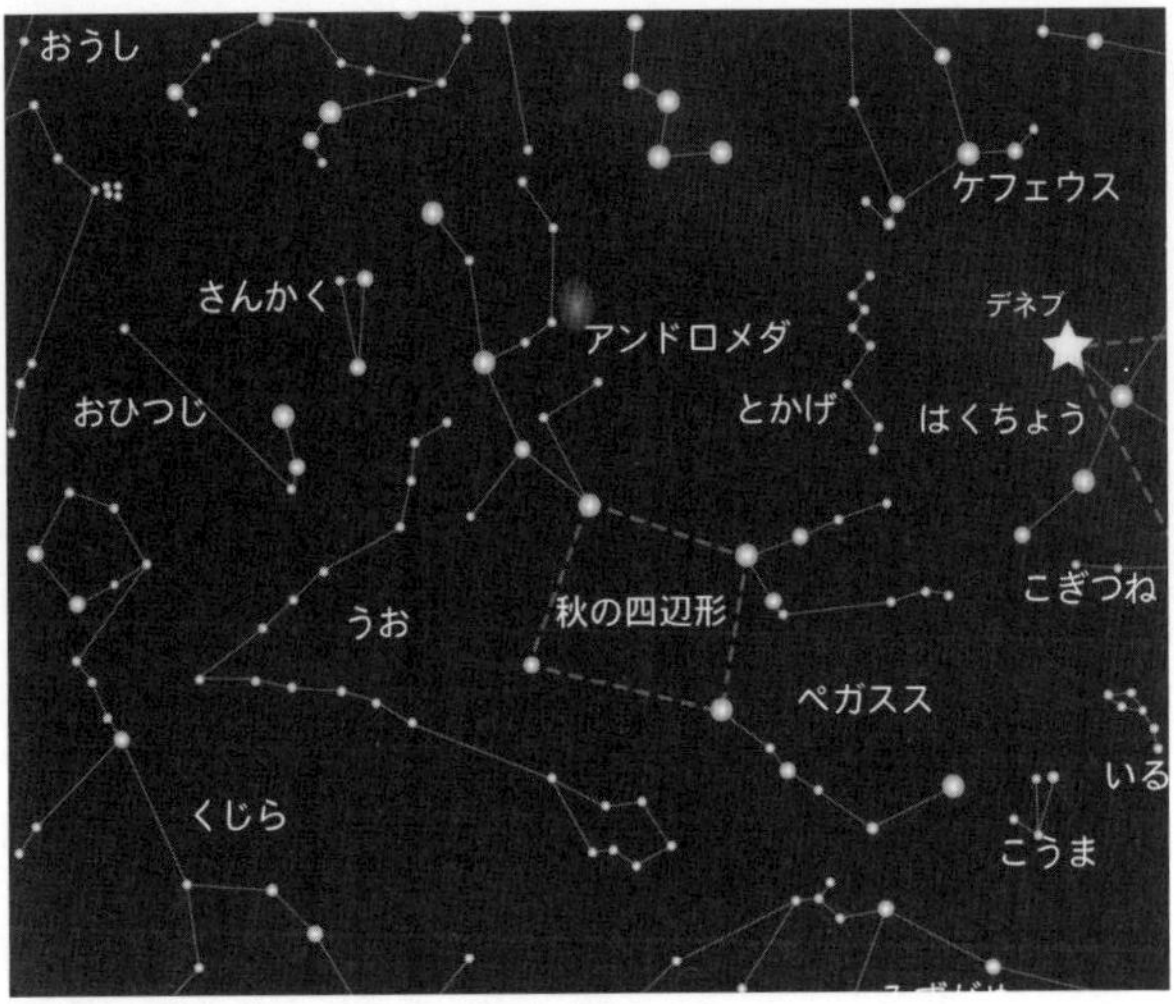

東の空から昇る木星とおひつじ座（国立天文台提供）

わかるはずである。左側が、おひつじ座で最も明るいアルファ星のハマル、右上の星はベータ星のシェラタンである。ハマルは2等星、シェラタンはハマルよりもやや暗い3等星だが、このふたつはよく目立つ。次にシェラタンのすぐそば、やや南星寄りの場所にいささか暗めの4等星が輝いているのを見つけられるだろうか。ちょっと都会だと、このレベルの明るさだと見つけられないかもしれないが、双眼鏡が有れば、なんとかなるだろう。これがガンマ星メサルティムである。この3つの星が、後ろを振り返ったおひつじ座の頭に相当する。おひつじ座は、ほとんどこの3つの星が主要部分といえる。星座を見慣れている人でも、なかなかこれ以外の部分の星を認識することは、あまりないかもしれない。だが、これだけだと、おひつじ座の頭しか見ていないことになる。もう少し頑張って、デルタ星ボティンを探しておきたい。ボティンは、おひつじ座のしっぽに輝く恒星で、他に目印がないので、特定しにくい。まずは、おひつじ座の隣にある、おうし座の散開星団すばるを探そう。すばるは肉眼でも小さな星がこちゃこちゃと集まっているので、すぐにわかるはずだ。このすばる星団と、ハマルとを結び、この直線の途中すばる寄りのところに、さきほどのガンマ星メサルティムと同じ程度の4等星が見つかるだろう。これがデルタ星ボティンである。

おひつじ座の残りの星はみな4等星以下と、これらの4つの星よりも暗いので、これだけ見つかれば十分であろう。想像力たくましく、4つの星から、天の羊の姿を思い描いてみてほしい。金色の毛皮をもつ羊を想像できるかも知れない。

（Vol.71/2011.10.21）

おひつじ座の星の位置

みずがめ座を探してみよう

秋には明るい星の少ない、いささか寂しい夜空が広がる。ただ、夏に比べると温度が下がる分、大気の透明度もよくなるため、星も見えやすくなる。中でも、頭の真上には、秋の夜空のランドマークといえる、4つの2等星でできた大きめの四角形が目につく。秋の四辺形である。ペガスス座の四辺形とも呼ぶが、秋はこの四辺形から星座を探すとよいだろう。

四辺形の下（南）に注目してほしい。そこには、有名なみずがめ座がある。黄道十二星座のひとつなので知名度は高いのだが、実際に眺めた人は少ないのではないだろうか。というのも、みずがめ座は1等星はおろか、2等星もなく、最も明るい恒星でも3等星という、暗く微かな星たちでできている星座だからである。都会の夜空では、みずがめ座の星たちをつなぐことはほとんどできないだろう。しかし、だからこそ、ぜひ秋の夜、暗い夜空で探し出してほしい星座ではある。月明かりの邪魔がないときが理想的だ。双眼鏡があると探しやすいかも知れない。

まず四辺形の西側（南向きで見上げたときの右側）のふたつの星を結んで、まっすぐ下に伸ばしてみる。すると地平線に向かう途中に、明るい星が目につく。これが秋の夜で唯一の1等星、みなみのうお座のフォーマルハウトである。このフォーマルハウトまで結んだ直線で、上から3分の1ほどのところ、すぐ西（右）側に注目しよう。夜空が良ければ、そこには、ちょっと暗めの4等星が、小さな〝へ〟の字に並んでいるのがわかるだろう。双眼鏡を用いると、その真ん中の星の、やや上に5等星がくっついているのもわかる。全体で3本の矢をあわせた形、いわゆる三ッ矢に見える。これが「みずがめの三ツ矢」と呼ばれている部分である。みずがめ座は瓶に入った水を流している様子を描いた星座だが、その水が流れ出る瓶の取手の部分にあたる。ここから流れ出た水は、いくつかの星を伝って、ずっと地平線寄りにある、みなみのうお座の1等星フォーマルハウトに注がれている。注意深く観察すると、三ツ矢から、フォーマルハウトまで、微かな星

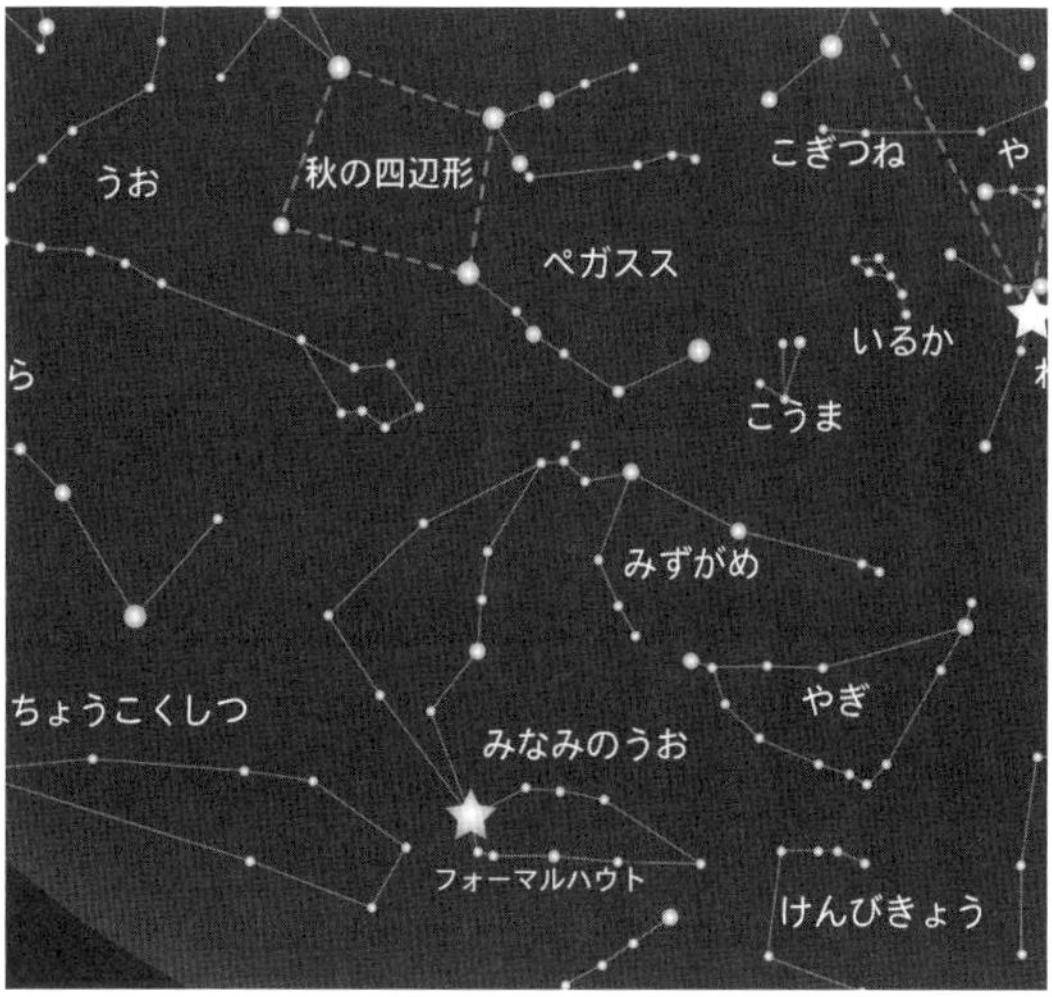

秋頃の夜空。中央に三ツ矢（国立天文台提供）

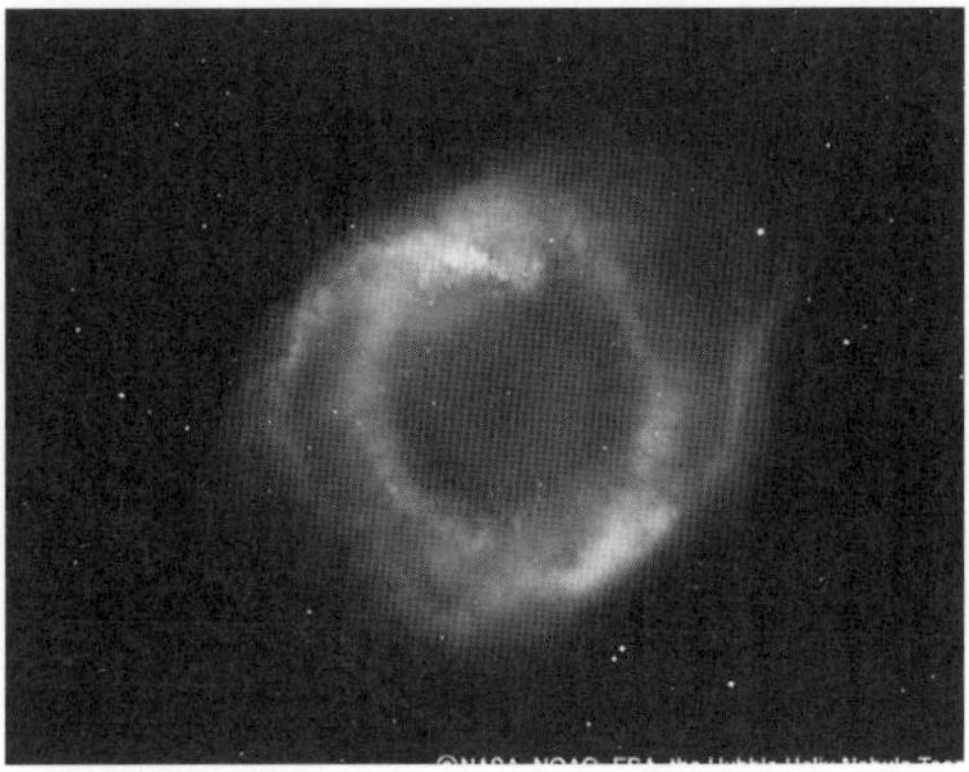

らせん星雲
（NASA, NOAO, ESA, The Hubble Helix Nwbula Team）

たちをたどることができるので、ぜひ挑戦してみてほしい。

ところで、みずがめ座は星座としては目立たないが、巨大な天体が存在していることで有名である。その大きさは、満月の半分ほどもある。円環状のガスの形状が、いささかねじれているので、全体がらせんを描いているように見えるため、らせん星雲と呼ばれている。らせん星雲は（NGC7293）は、惑星状星雲という種類に属している。この種の星雲の中では、約７００光年と最も地球に近いので、見かけが大きくひろがっているのである。

惑星状星雲は、太陽のような恒星が一生の最後、星の芯を残して外層のガスを宇宙空間に放出した瞬間、つまりご臨終の姿だ。星の芯の部分に輝いている白色わい星は10万度もあるような高温なので、可視光よりも紫外線を強く放っている。その紫外線を受けて、もともと星の一部だったガスがエネルギーを得て、光輝いている。宇宙の蛍光灯のようなものである。ガスには水素だけでなく、星の中で作られた窒素や酸素などが存在する。この酸素や窒素が緑や赤などの色の光で輝くため、写真を撮影するときわめてカラフルとなる。

ただ、きわめて見かけが大きいのだが、きわめてかすかな天体なので、実際の観察には夜空がとても暗い場所で、しかも双眼鏡や倍率の低い天体望遠鏡を使わないと見ることはできない。観察できても、白っぽいリング状の雲のように見えるだけで、写真（5頁にカラー写真）のようなカラフルな色には見えないのは残念である。

（Vol.99/2015.9.15）

10月りゅう座流星群

10月りゅう座流星群？　かなりの天文ファンでも、聞き慣れない名前だなぁ、と思われるだろう。それもそのはず、実は、あの有名なジャコビニ流星群のことである。これまでは、流星群の名前には公式な学名がなく、研究論文でも一般紙でも複数の名前が使われていた。たとえば、ジャコビニ流星群というのは、母親のジャコビニ・ジンナー彗星から呼ばれていたが、放射点の場所としてはりゅう座にあるので、りゅう座ガンマ流星群とも呼ばれていたのである。

こうした混乱を避けるために、国際天文学連合第22委員会では、学名付与方針の議論と、その策定を行ってきた。基本的には、母親の彗星の名前は使わず、あくまで放射点の場所の近傍の恒星や星座名を基本とすることが決まり、２００９年のリオデジャネイロにおける国際天文学連合で、60あまりの流星群に関する学名は統一されたのである。(ちなみに、当時の第22委員会の委員長は筆者であった。)

こうして、ジャコビニ流星群は、10月りゅう座流星群となった。りゅう座に放射点をもつ流

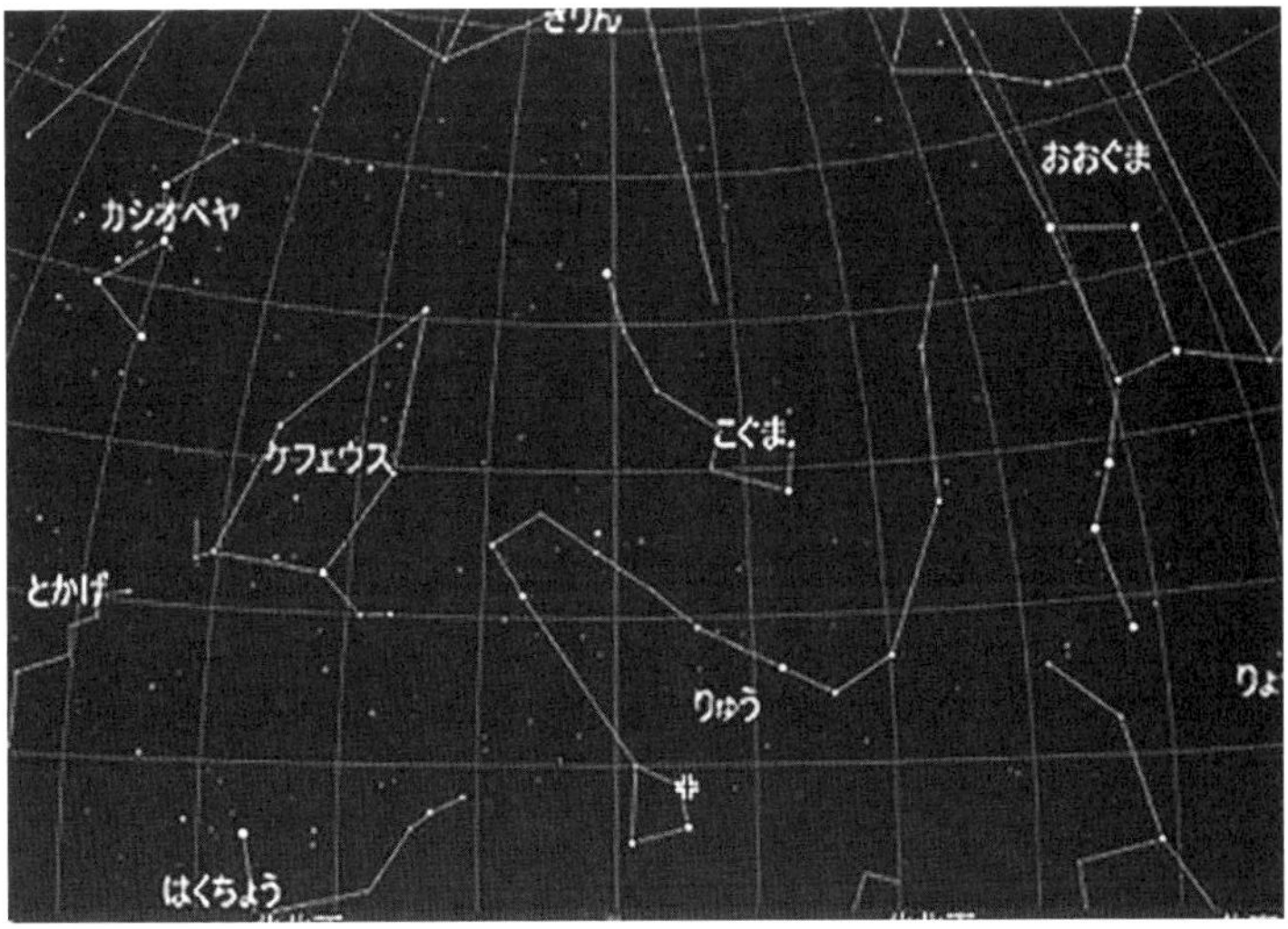

10月りゅう座流星群極大の頃の明け方直前の北の空の様子。放射点はほぼ真北の地平線近くにある（10月9日午前4時30分、札幌。テラナビゲータ/アストロアーツ）

星群がいくつかあるので、10月に出現するものとして「10月」をつけ、区別したのである。

しかし、この学名決定に関わった私でさえ、ジャコビニ流星群という名称には愛着がある。というのも、この流星群は、私が天文学を本格的に目指すきっかけだったからである。忘れもしない1972年10月8日。その夜、「流星が雨のように出現する」「空を覆い尽くすほどの流れ星が現れる」と事前に報道されていた。この流星群は1933年と1946年には、1時間あたり数千から数万という大出現を起こしているため、否が応でも期待は高まっていた。いわゆる天文少年だった私は、絶対に見なくては、と思って、視界が開けて比較的自宅から近かった自分が通っている小学校の校庭を観測地に選んだ。そして、星好きのクラスの友人を誘い、見よう見まねで即席の流星観測チームを組織した。まだ寛容な時代で、担任の先生は親同伴という条件で許可を出してくれた。

われわれの即席観測チームは、深夜まで多くの見物客とともに星空を眺めていた。しかしながら、待っても待っても流星はほとんど現れなかった。翌日の朝刊には、「天文台は星占いは苦手?」「流星雨、空振り」という見出しが並んだ。この空振り事件は、後に「ジャコビニ彗星の日」という松任谷由美の歌にもなっている。

当時の東京天文台の信用は失墜したものの、逆に私にとっては天文の不可思議さに興味を引かれるきっかけになった。どうして予測通りに出現しなかったのか。私の疑問は、同様に大騒ぎされたのにもかかわらず、全く明るくならなかった1973年のコホーテク彗星や、誰も予想しないうちに大彗星になった1976年のウエスト彗星などを経るうちに、「どうして今の天文学で予測できないのか」という疑問に変わり、本格的に天文学に進む動機になったのである。

私事は、これくらいにして、実は10月りゅう座流星群はほぼ13年ごとに出現が期待されている。当時とは違い、研究も進んでいて、流星群の出現は、母親さえ特定できていれば、かなりの確率で予測が可能になっている。

ただ残念ながら、日本で見られるとは限らない。極大時刻に日本が昼であることも多いからだ。月明かりも問題である。放射点の高さからいえば、北ほど条件は良くなるものの、この流星群の流星は対地速度が遅いせいもあって、微光流星が多いために、月明かりにかき消されてしまうからである。

月明かりのない年に、できれば空のきれいないところで、眺めてみてほしい。

（Vol.70/2011.9.26）

突発的な流星雨《りゅうせいう》の目撃

秋はオリオン座流星群の極大期である。10月21日から23日頃が極大と予想されている。夜半過ぎに、東の地平線からオリオン座が昇るにつれ、速度の速い流星が散見されるはずである。そのため、夜半前にはほとんど出現しない。夜空の状態にもよるが、1時間ほど眺めていれば、5個から10個程度の流星は確実に見えるはずだ。

こうした、予測できる流星群は、定常群と呼ばれ、毎年、同じような数の流星が観察できる。しかし、宇宙にはまだわからないことがある。突然、誰も予測しない時期に、たくさんの流星が雨のように現れるのを目撃されることがある。こうした現象は予測が出来ないことから、天文学者だけでなく、観察のスキルをもったハイレベルアマチュア天文家が目撃・観察することも少ない。しかし、こうした現象は天文学的には貴重である。

例えば、1956年12月5日、インド洋上を航行中の南極観測船・宗谷で、1時間あたり300個にも上る流星雨が観測され、貴重な記録となった。この流星群は、その後、2003

年に発見された小惑星が母親であることが明確となり、その詳細が研究され、流星群やそれを生み出す彗星の進化の観点から、たいへん貴重な研究成果につながった。

こうした突発的な流星雨の目撃について、国立天文台には、しばしば情報が寄せられている。そのひとつは1933年の秋に、ほんの数分間の間に無数の流星が出現したものである。当時の二人の目撃証言が得られており、出現そのものには疑いが無い。渡辺銀一氏は、幼い頃に銭湯からの帰り道、大きな流れ星のあとに、無数の流星が空を埋め尽くし、あたりが明るくなったのを目撃した。あまりのことに呆然とするだけだったという。二人の証言は、どちらも函館での目撃情報で、1934年の函館大火の前年であることが確実ではあるが、残念ながら日時は不明である。

渡辺銀一氏の回想にもとづくスケッチ。大きな流星のあと、空一面に無数の流星が描かれている（渡辺銀一氏提供）

このような現象はきわめて短時間で終わってしまうため、なかなか記録に残らない。もうひとつ、パリ在住の方から、長野市に暮らしていた幼い頃、目撃した突発流星雨情報が寄せられている。帰宅途中、ふと夜空を見上げると無数の暗い流れ星が降り注いでいたという。空は暗く星が見えている中、歩く方向は南東へ向かう道で、片側は田んぼだったという。もともと帰り道に星を眺める習慣はあったので、そのときにも見上げると、左手の方向（南）から、「小さい星が間断なく落ちてくる」のが見えたのだという。数分間は見ていたと思うがずっと続いて、ものすごい数だったらしい。こういうことは、しばしばあるのかな、と思って気にしなかったという。こちらは、日時どころか、季節もよくわかっていない。

いずれにしろ、突発流星雨の貴重な目撃例であることは確かである。どちらの例でも話は理路整然としており、目撃時の記憶もかなり確かに思えるからだ。なにより、突発流星雨の特徴〈数分間以上、継続していること、間断なく流星が流れていること、ある方角〈放射点〉から流れていることを認識していること〉をよく捉えている。このような突発的な流星雨は、天文学上で非常に貴重な目撃情報であることは確かだ。

（Vol.124/2017.10.18）

秋の夜空に小さな三角形を探してみよう

星をつないで星座ができているのはご存じだろう。しかし、星座よりももっと広い範囲で、1等星などの目立つ星を結びつけて星空の目印にする場合は、圧倒的に三角形である。季節の星空のランドマークである、冬の大三角、夏の大三角、そして春には大曲線の他に、春の大三角がある。唯一、1等星の少ない秋だけ、ランドマークがペガスス座を中心とした四角形で、秋の四辺形と呼ばれる。

だが、この秋の星座にも三角形はいくらでも作れるし、実際、小さな三角形と見立てられていた星座がある。その名もずばり、さんかく座である。さんかく座は、まずともかく小さい。面積は約132平方度である。88星座中、78位の小さな星座なのだ。さらに構成する星がみな暗い。かなり細長い二等辺三角形で、その頂点のアルファ星は3・4等で、底辺のふたつが3等星と4等星なので、夜空の明るい都市部ではなかなか探しにくい。したがって、天文ファンでなければ、眺めた経験が無いのでは無いかと思う。それでも、周囲にも明るい恒星はないので、一度見つけてしまうと形も整っているので気づきやすい星座といえる。そのため、ギリシア時代から存在している歴史のある星座のひとつで、すでにプトレマイオス（トレミー）がまとめた48星座のひとつである。かつてはナイル川の三角州として、ナイルのデルタなどとも呼ばれていた。

さて、秋の夜長、ぜひさんかく座を探してみてほしい。まずは中天に昇ってくる秋の四辺形を探そう。その四辺形の北側のふたつの星（つまり、南を向いて上側のふたつの星）を結ぶ。その線の長さを覚えて、1・5倍ほど東へ伸ばして見る。すると、そこにはさんかく座のとがった頂点に光るアルファ星が見つかるだろう。この星がわかれば、そのさらに東側（左側）にふたつの底辺をなす星が見つかるはずだ。

ところで、小さく、暗い星座なので双眼鏡を向けて見るのがお勧めだ。三角形の星たちははっきり見えると思うのだが、それよりも三角形の頂点のアルファ星から、やや四辺形の方向に視野を移してみると、そこには小さな雲のような天体が見えるはずだ。さんかく座銀河M33である。渦巻き銀河で、ちょうどわれわれは円盤部分を真上から眺める形になっているので、丸く見える。つまり、回転軸方向から見る位置関係にあり、典型的な「フェイスオン銀河」である。全体の明るさが6等なので、本当に夜空の暗い場所であれば肉眼でも見えるかもしれない。M33は、銀河系（天の川銀河）、アンドロメダ大銀河M31とともに、局部銀河群という50個ほど

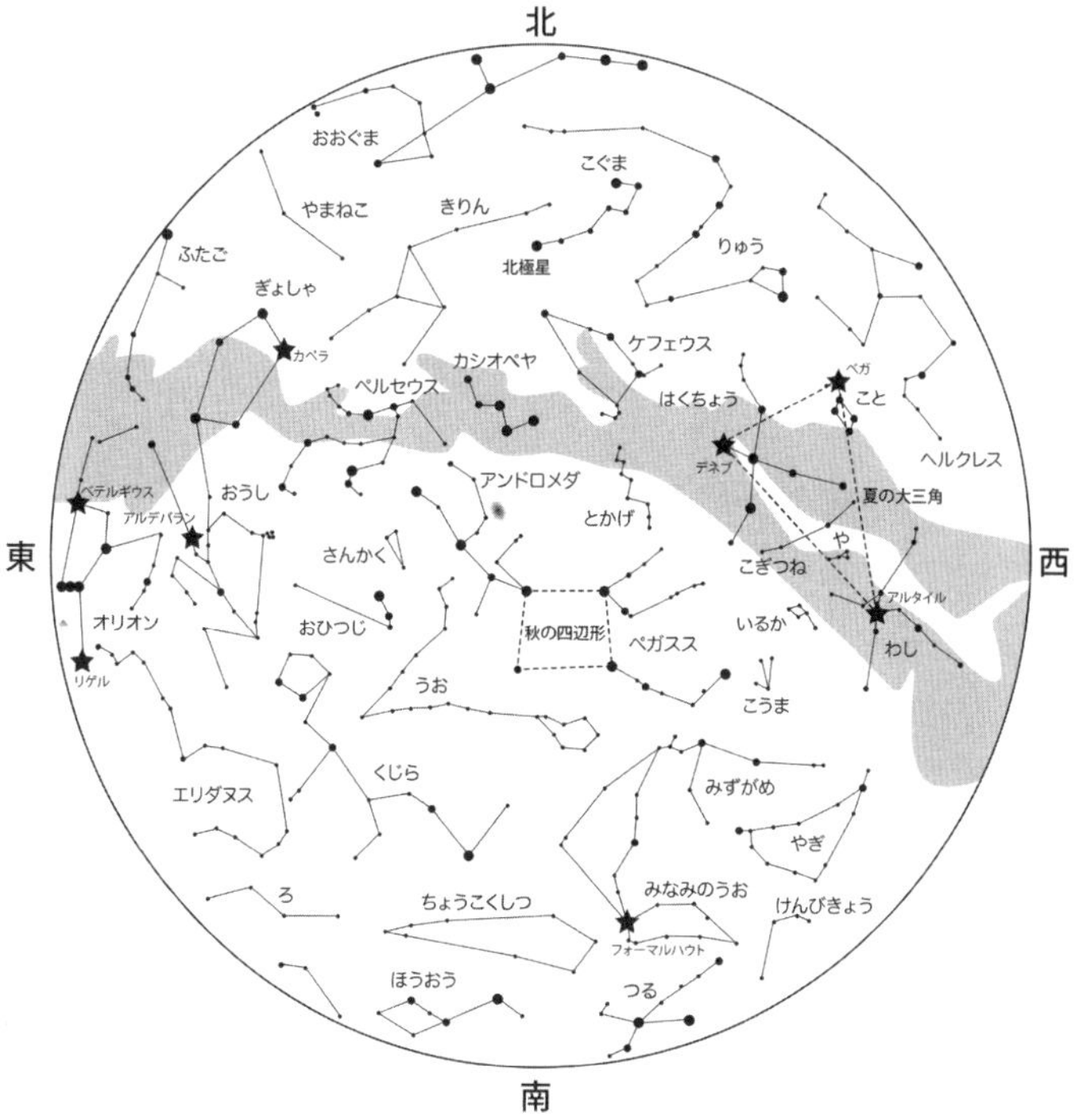

11月中旬、20時頃、東京（国立天文台天文情報センター）

の銀河のグループメンバーの中でナンバー3である。われわれからの距離は300万光年ほどと、アンドロメダ大銀河よりも遠い。もし、この天体が肉眼で見えたなら、それは肉眼で見える宇宙の最遠記録を更新したことになる。ちなみに、近くにアンドロメダ大銀河もあるので、ついでに眺めてみてほしい。

すばる望遠鏡が捉えた渦巻銀河M33
（国立天文台提供）

ところで、さんかく座以外にも三角の名前をもつ星座がある。みなみのさんかく座である。この星座も小さくて、暗い。面積は約110平方度と、88星座中83位で、さんかく座よりも狭い。こちらは、北天のさんかく座よりもいささか明るく、2等星とふたつの3等星からなる。しかも、かなり正三角形に近い配列となっている。なにしろ、天の南極に近いので、南半球でないと見ることができない。しかも作られたのは大航海時代の中期以降、16世紀から17世紀にかけてで、かなり新しい星座である。もし、南半球に旅行に行く機会があって、夜空を眺めるチャンスに恵まれたら、南十字星とともにみなみのさんかく座を探してみてほしい。南半球では一般に明るい星が多いのだが、みなみのさんかく座は南十字星からケンタウルス座のふたつの1等星に続く、天の川のほとりにあるので、探しやすいだろう。

（Vol.135/2018.9.20）

秋の夜長にのんびりとした流れ星を眺めよう

秋の夜長、星を眺めるには透明度も高くなってよい季節である。そんな秋の星空を眺めていると、のんびりとした流れ星に出会えるかもしれない。もともと、天の川が見えるような夜空では、どんな時期でも流れ星は必ず現れるものだが、秋になると流れ星の数も一般に増えていく。大規模ではないものの、小さな流星群が常に複数活動しているような状況だからだ。

その流星群の代表が10月末から11月半ばまで出現する、おうし座流星群である。東から昇ってくる冬の星座、おうし座に放射点（群に属する流星が、放射状に飛び出してくるように見える天空上の一点）がある流星群だ。正確にいえば、おうし座流星群は単独の流星群ではない。正式には「おうし座南流星群」「おうし座北流星群」というふたつの流星群の総称である。10月、11月を中心に、9月から12月くらいまで幅広く活動するとされており、前者の極大は11月6日頃、後者の極大は11月13日頃とされている。最近、この南北だけでなく、もっと別な支流がありそうだ、という研究結果も発表されていて、その意味では全容が解明されたわけではない。

エンケ彗星（NASA）

　ただ、いくつも分枝があるからといって出現数が多いわけではない。極大時期であっても、南北どちらも1時間あたり、せいぜい数個という出現数に過ぎない。数はそれほど多くない、小さな流星群といってよいのだが、実はよく目立つ流星群である。というのも、火球と呼ばれるような明るい流星が多く、しかもゆっくり、のんびりと流れるので、目につきやすいからである。

　流星というのは、小さな砂粒が地球に飛び込み、上空１００キロメートルほどの場所で大気との摩擦で発光する現象である。もとになる砂粒の大きさは1ミリメートルから1センチメートルときわめて小さい。小さな砂粒でも、かなりのスピードで地球に突入するために、明るく輝き、燃え尽きるのである。おうし座流星群の場合は、その砂粒が他の流星群に比べると大きいために、一つ一つが明るく輝く。

　また、流星のスピードは、どの方向から地球に衝突してくるか、そして砂粒がどのように動いているかによって決まる。地球が公転する運動の方向とは、逆向きに突入してくる砂粒の場合は、いわゆる正面衝突型となる。地球の公転速度に、砂粒の公転速度が加わるので、スピードの速い流星となる。正面衝突型の典型例は11月中旬に出現する、しし座流星群で、秒速70キロメートルにも達する。一方、地球の公転する運動の方向と同じような方向に動いている砂粒が流星となる場合は、いわゆる追突型となって、スピードは遅くなる。10月りゅう座流星群の秒速20キロメートルというのが、その例である。おうし座流星群の場合、そのスピードは10月りゅう座流星群ほどではないものの、秒速30キロメートルほどと、かなり遅めである。流星群になる砂粒は、もともと彗星（ほうき星）が、まき散らしたものだが、おうし座流星群の母親は周期3・3年ほどのエンケ彗星（2P/Encke）。この彗星は、地球とほぼ同じ方向に動いている。そのため、放出された砂粒が地球に衝突してくるときにも、いわゆる追突型となるのだ。
　こうした理由で、おうし座流星群の流星は、明るい流星がゆったりと流れるのが特徴となっている。流星は一晩中流れるのだが、放射点が高くなる時間帯、11月でいえば21時以降が観察には好条件である。秋の夜長、のんびりと流れるおうし座流星群の流星を眺めてみてほしい。

（Vol.136/2018.10.17）

Ⅳ

冬

赤い星たちの競演 ―アルデバランとベテルギウスと―

冬に見上げる夜空には赤い星が輝いているのがいやでも目に入るだろう。

空高くオレンジ色に輝く星がある。よく見るともっと暗い星たちがV字型に並んでいる。このオレンジ色の星が、おうし座の1等星アルデバランである。V字がおうしの顔に、アルデバランが赤い目に相当する。さらにもうひとつ。オリオン座の肩に輝く赤い1等星ベテルギウスである。

さて、このふたつの赤い星、どちら一番赤く見えるだろうか？　天体の赤さを定量的に表す数値として、「B－V」という色指数がある。これは青色の光で計測した明るさ（B）と、黄色からオレンジ色の光での明るさ（V）の値（等級）を引き算したもの。この値が小さいと、その天体は青く、大きいと赤いということになる。これで正確に計測すると、アルデバランは1・54、ベテルギウスは1・85となる。赤さでは、ベテルギウスが一番で、次にアルデバランとなる。

ちなみに、オリオン座の右下隅にある1等星リゲルの「B－V」の値は、マイナス0・03と、青白さが数値でもわかる。赤い星と、青白く輝く若いオリオン座の星たちの、寒空に輝く色の対比をぜひ堪能してみてほしい。

ところで、冬の星たちの色と競うように、惑星がしばしば接近し、その彩りを添えることがある。惑星の中でも、ベテルギウスやアルデバランと同様に、赤い色をもつのは火星である。冬の星座で輝く火星は、夏ほどは明るくはないものの、それでも冴え渡った空での輝きはひときわ目を惹く。特にベテルギウスやアルデバランよりも明るくなることもあるので、火星の方が赤い気がするのだが、実は天文学的にはそうではない。先ほどの「B－V」という色指数では、火星は1・36でしかない。つまり赤さではベテルギウスやアルデバランに火星は負けているのである、火星が見た目に最も赤く見えるのは、明るいための〝錯覚〟である。

2014年3月7日、東京・三鷹（国立天文台提供）

実は、人間の目も色合いは光の量が多いほど強く意識されるものだ。光の量が多いと情報が増えるので、人間の目も(それを認識する脳も)色を識別するようになるからだ。逆に光の量が少ないと、目の感度を上げるために色情報を無視してすべて白として認識するようになる。暗闇ではなかなか色がわからないのは、このような理由である。写真に撮影するとカラフルに写る星雲なども、実際に天体望遠鏡で眺めてみても大部分は白くしか見えない。素晴らしい写真に圧倒され、そのようなカラフルな天体が見えると期待して、天体望遠鏡を覗いて、がっかりすることも最近ではよく聞くが、そうした闇に五感を研ぎ澄ます感覚もぜひ味わってほしいものだ。

(Vol.1/2005.12)

青白き若き星たち ―冬空に輝く王者オリオン―

真冬の季節、南の空を仰ぎ見ると、豪華絢爛なオリオンの姿が目に入るであろう。他の星座は知らなくても、オリオン座なら知っているという人も多いようだ。オリオン座の真ん中、ほぼ等間隔に3つ並んだ2等星が三つ星と呼ばれている。三つ星を取り囲む大きな長方形の角の部分に、4つの星が輝き、全体の形を整えている。このうち左上が前回紹介した赤いベテルギウス、右下が青白いリゲルという星で、どちらも1等星です。1等星が2個、2等星が5個というきらびやかな星座は他にない。まさに真冬の夜空のランドマークですね。

さて、オリオン座はもともと巨人の狩人の姿だが、目立つ星座のため、各文化圏でも様々に見立てられている。日本でも、和楽器の鼓《つづみ》に見立てられて、鼓星などと呼ばれている。また、白いリゲルが赤いベテルギウスと、三つ星を挟んで対峙しているように見えるので、リゲルを源氏星、ベテルギウスを平家星と呼んでいた地方もある。源平のそれぞれの旗色にあてていたのだ。

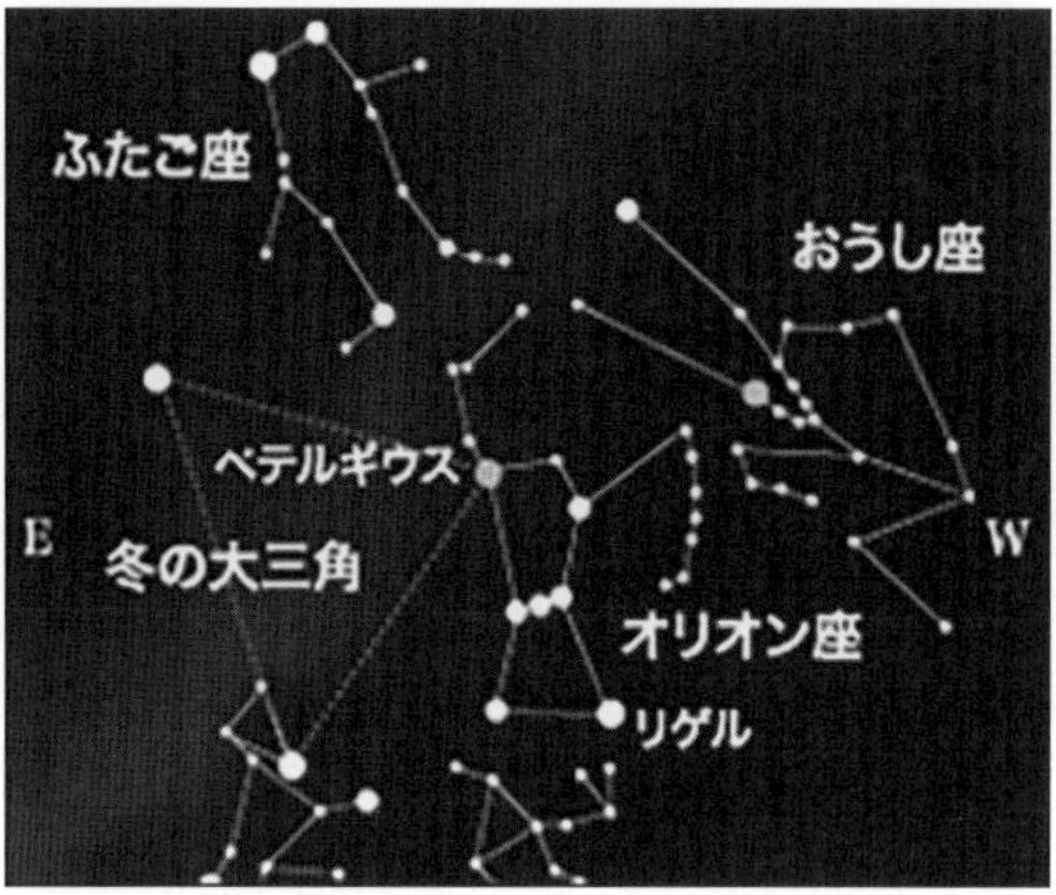

1月中旬、20時頃の南の空、オリオン座付近（国立天文台提供）

ところで、オリオンの星々は、ベテルギウスを除き、ほとんどが青白く若い星。オリオンの左上のふたご座あたりを冬の天の川が流れているが、オリオンの中心にある三つ星は、この天の川から離れるように動いている。そのスピードから逆算すると、オリオンの若い星たちが生まれはじめた頃に、天の川を出発していることがわかる。

天の川は我々の銀河系の円盤部分に相当し、星やガスの密度が濃い部分だ。天文学者は、オリオン座を生み出すもとになった大きなガスの塊（巨大分子雲）が、ふたご座の右上の方角から天の川を突っ切った2000万年ほど前に、その衝撃でガスが圧縮され、星が生まれはじめたと考えている。天の川を通過して、次々に星を生み出しながら、現在の位置まで動いてきたわけだ。

そのガスの名残は、いまでも見ることができる。三つ星の星の下に、やや暗い星がさらに縦に3つ並んでいて、これを小三《こみ》つ星《ぼし》と呼んでいる。この小三つ星、よく目をこらすと星の光が滲《にじ》んでいることに気づくだろう。まだ星雲が星を取り囲んでいる。この星雲こそ、オリオン座全体の星たちを生み出した大きな雲の最後の名残で、オリオン大星雲、別名メシエ42（M42）とも呼ばれている。

オリオン大星雲を天体望遠鏡で眺めると、中心に4つの星が輝いている。これはオリオン座では最も若い星で、生まれてからまだ約200万年と考えられる。例えば太陽は、すでに46億歳で、あと50億年くらいは輝きますから、星というのは長寿だ。オリオン座の星たちはやや短命なのだが、それでも1億年は輝き続けるであろう。とすれば、この四つ子の星達は人間に換算すると、よちよち歩きの1歳程度ということになる。

われわれが見ているオリオン座は、ちょうど星が生まれて輝きだした、壮大な星物語の序章に相当するわけだ。

（Vol.2/2006.1）

おおいぬ座の1等星シリウスに隠されたミステリー

毎年、星好きの人から年賀状をいただくのだが、2005年や2017年の年賀状の中には、かなり高い確率でおおいぬ座がデザインされていた。干支は犬だったので、犬にちなむ星座であればどれでもいいが、全天で3つあるうち、おおいぬ座はもっとも有名だ。星座を作る星たちを結ぶと、本当に犬の形に見えてくるし、その上、その口元にはなんといっても全天一明るい1等星シリウスが輝いているからだ。

冬の季節なら、日が暮れて夜になった南の空を仰げば、オリオン座の東側に、青白く輝くシリウスを誰でも見つけることができる。その輝きは、東京のような都会でも簡単に見つけることができるほど。

シリウスが明るいのは、恒星として温度が比較的高く、もともと太陽の数倍の明るさで輝いていることに加えて、たまたま近い距離にあるから。シリウスまでの距離は、8・6光年と、知られている恒星の中では9番目に近い。そんな明るさ故に、シリウスは昔から注目されてきた。太陽がおおいぬ座の北あたりにやってくると真夏になるので、昔はシリウスの輝きと太陽の輝きが相まって暑くなる、といわれていた。夏の暑い日のことを、英語でDog Dayというのは、その名残だ。シリウスは、ギリシア語で〝焼き焦がすもの〟という意味なのである。日本では明るく大きく、そして青白く見えることから「大星《おおぼし》」あるいは「青星《あおぼし》」と呼ばれていた。中国では「天狼星《てんろうせい》」とされている。

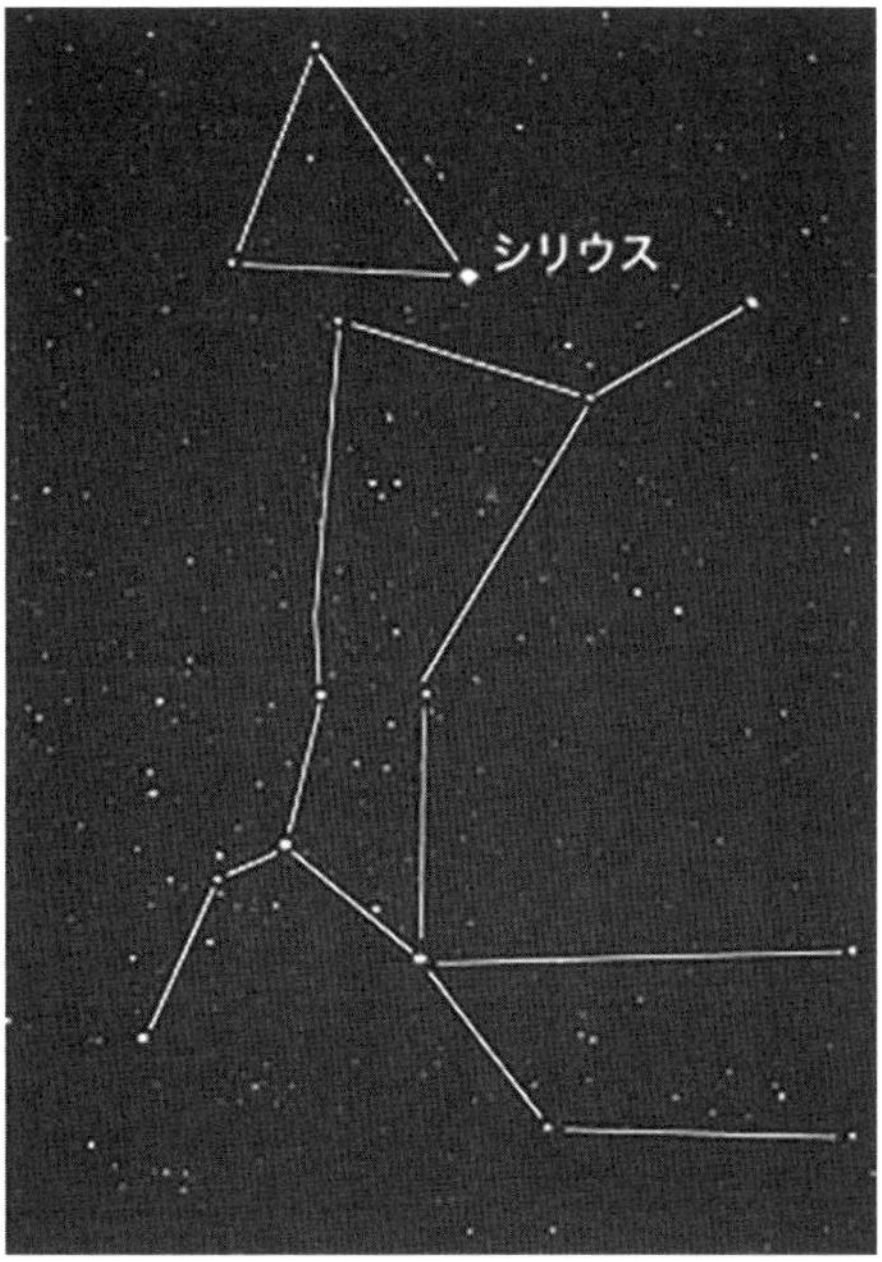

おおいぬ座全景（筆者撮影）

そんなシリウスについて、長い間ミステリーとされていることがある。青白く見えるシリウスが古文書では「赤い星」とされているのである。紀元前８００年から１４００年頃にわたって現れる西洋の多くの文献で「赤い」とされている。ローマの詩人セネカは「火星より赤い」と述べているし、プトレマイオスも大著「アルマゲスト」の中で「赤い」という形容詞を用いている。青白い星がどうして赤いとされていたのか。これが「シリウス・ミステリー」といわれている謎なのだ。

シリウスには白色わい星という、星の亡骸の伴星《ばんせい》がある。これが当時は、まだ赤色巨星という種類の星だったために赤く見えたのではないか、という説がある。しかし、この白色わい星は少なくとも百万年以上は経過していると考えられているので、数千年という短時間に白色わい星になったとは天文学的にとても考えられない。

第2の説が、シリウスとわれわれの間を、たまたま小さな濃い星雲が通過したというもの。雲の中では、塵によって青い光が選択的に吸収されるから、シリウスは確かに赤くなるはずだ。ただシリウスそのものも暗くなってしまうという難点がある。

第3の説として、見る側の人間の原因で「赤い」と記述され続けたのではないか、というものがある。特にエジプトでは、ナイル川の氾濫を知らせる目安として、日の出直前の東の地平線に顔を出すシリウスを利用していた。地平線近くで見ると青白い星でも、夕日と同じく赤く見えてしまうわけだ。ミステリーに思いを馳せながら、今宵も輝くシリウスを眺めてみよう。

（Vol.3/2006.2）

寿《じゅ》星《せい》

洋の東西を問わず、明るい星は、いろいろな神話伝説を伴っていることが多い。なかでも、見ることができれば寿命が延びるといわれて、神様にさえなっている、とてもおめでたい星があるのをご存じだろうか。その星は南極老人星、あるいは寿星と呼ばれ、厳冬の季節、南の地平線ぎりぎりに現れる。西洋名では、りゅうこつ座の1等星カノープスである。

この星は南の空低いところにある。この星の赤緯《せきい》はマイナス52度42分。したがって北緯37度18分よりも北になると、原理的に地平線よりも下になって、見ることができない。実際には大気の屈折による浮き上がりがあるので、福島県あたりでも見えることがある。山の上に昇ると北限がさらに北になる。以前、東北地方の天文ファンが、その北限を競ったことがあり、福島県から、蔵王、そして山形県の月山にまで北上していった。月山での観測記録が筆者の知る限りでは、北限になっている。

東京あたりでも眺めることができるが、いずれにしろ地平線から高く上がることはなく、その南中時の高度は最大でも約2度、すなわち満月の4個分の高さに過ぎない。これだと、見えたと思う間もなく、すぐにまた沈んでしまうことになる。地平線までよく晴れた夜であっても、ほんの少しタイミングを間違えると、つい見逃してしまうわけだ。

しかし、人間とは奇妙なもので、このように見えるか見えないかというぎりぎりのものに対して限りなくロマンを感じ、かえって憧れてしまうようだ。その困難さゆえ、カノープスは天文ファンの人気の的となっているし、そしてまた昔からおめでたい星として重宝されたのだろう。

おめでたいとされるには別の理由もある。カノープスはもともと、全天で2番目に明るい恒星である。最も明るいおおいぬ座のシリウスに次ぐ、マイナス0・7等という堂々たる輝きを誇る。やや青白い色の明るい恒星なのだが、地平線ぎりぎりに現れるため、夕日と同じ原理で非常に赤く見えるのだ。長寿伝説が生まれたのは中国だが、当時の都である洛陽や長安でも、この星は約3度程度にしか昇らない緯度であるため、やはりこの星は赤く見える。赤という色は中国では昔からめでたい色であり、古くから天下国家の安泰をもたらす吉瑞《きちずい》とされていた。そのため、この星はとりわけ大事にされたらしく、周の時代には寿星祠《ほこら》や寿星壇《だん》が設けられ、日本でも平安時代に老人星祭が行われていた記録がある。お正月の縁起物として、よく見かける宝船に乗っている七福神の寿老人とは、この星の具現化されたものである。そんなことで、この寿星を見ることができれば、命が何日か延びるといわれている、おめでたい星なのである。

ちなみに西洋名であるカノープス（Canopus）というのは、ギリシア語で、トロイ戦争のときに、軍艦の水先案内人の名前で、あまりおめでたくはない。

南の山の端の上に顔を出したカノープス（南極老人星）の様子（長野、筆者撮影）

ただ、日本でも地方によっては、おめでたくない類の言い伝えも残されている。房総半島では「めら（布良）星」と呼ばれていた。めら（布良）は房総半島突端の漁村の名前で、かつてこの村の漁船がしけにあって行方不明になり、その魂が星になって海上に現れる、と伝えられている。そのためか、この星が見えると暴風雨の前兆とされていた。奈良や大和地方では「源助星《げんすけぼし》」「源五郎星《げんごろうぼし》」などと呼び、これも悪天候の前兆とされている。一方、高度が低いまま、地平線をはうようにして、すぐに沈んでしまう様子から、その動きがなまけものに見えるので、瀬戸内地方では「横着星《おうちゃくぼし》」、または見える方向の地名を冠して、岡山では「讃岐の横着星」、尾道では「伊予の横着星」と呼んでいた。小豆島では「無精星《ぶしょうぼし》」、淡路島では「道楽星」、丹後地方では南の山の端に現れるという意味で「やばた（山の端）星」、徳島では「にじり星」と呼んでいた。播州《ばんしゅう》では「鳴門星《なるとぼし》」と呼ぶ以外に、「秋蛸星《あきだこぼし》」とも呼ばれていたが、これはこの星が見える頃、蛸がたくさん取れるという意味のようである。ユニークなのは、長野県の木崎湖や四国の佐多岬に伝えられる「龍燈《りゅうとう》伝説」だろう。木崎湖では真冬の深夜に南の地平線に竜燈が現れ、湖をわたっていくという。時期やその様子から、これも寿星であろうと考えられていたが、信濃毎日新聞（当時）のカメラマンが、5年間も木崎湖に通って、カノープスの輝きが湖上に現れる様子を見事に捉えて実証している。

皆さんも福島県以南にお住まいなら、ひとつ長寿を願って挑戦してみてはどうだろう。南の方向が開け、地平線まで障害物の無い場所を探し、かつ地平線までよく晴れ渡る夜に、南の空には全天で最も明るいおおいぬ座の1等星シリウスが輝いている時間帯に、その下の真南の地平線に目をこらして探してみてほしい。ただ、真冬の深夜なので、風邪等をひいて逆に寿命を縮めないように。

（Vol.13/2006.12）

冬空に輝く若き星たちの群れ

凍てつく冬の夜空をよく眺めてみると、ところどころ星たちが寄り添うように集まっているところがあるのに気づくかもしれない。そんな星の集団が、おうし座にふたつある。ひとつは肉眼で見ても、6～7個の星たちがこちゃこちゃと集まっている様子がわかる、すばるだ。双眼鏡で見える暗い星まで含めると、全部で数十個も数えることができる。

もうひとつがヒアデス星団。すばるよりオリオン座寄りにある、オレンジ色の1等星アルデバランと、その周りに散らばる星たちからなる。

これらのふたつの星団は天文学では散開星団と分類される種類の天体で、比較的若い星の集まりである。星は宇宙を漂う雲の中で集団で生まれる。生まれた星たちが輝きはじめると、もともと暗かった母親の雲を照らし出し、輝く星雲となる。生まれたての星達は、やがて母親との〝へその緒〟を自ら断ち切る。星からの激しい光と風（恒星風）によって、自らを生み出した母なる星雲を吹き飛ばしてしまう。こうして、母親のガスの雲が吹き払われたあとに現れるのが、散開星団なのである。そのメンバーは、ほとんどが生まれてしばらく経過した青白い若い星たちである。人間でいえば、母親から独立した兄弟姉妹たちとでもいえるだろうか。

すばるの地球からの距離は約400光年、その年齢は5000万年程度で、散開星団の中でもかなり若い部類である。青白く輝く明るい星が集まって輝いている様子は、肉眼でも美しいので、古くは枕草子に「星はすばる。ひこぼし……」と讃えられている。現代でも、同名の歌や自動車の名前、さらには国立天文台がハワイ島の山頂に建設した世界最大級の口径8メートル反射望遠鏡のニックネームにもなっている。欧米ではプレアデス星団と呼ばれ、ギリシア神話では仲良しの姉妹に見立てられているが、現代天文学が解明した星たちの生い立ちと一致しているのはおもしろい。

すばるに比較すると、もうひとつのヒアデス星団の方は一般にはあまり有名ではない。すばるに比べれば古い散開星団なので、星の集まり具合がまばらになりつつあり、迫力がないという理由もあるのだろう。和名も「すばるのあとぼし」などといった具合で、あくまですばるが目立っているようである。

ヒアデス星団の年齢は5~6億年程度とされている。古ければ古いほど、星団の星はまばらになり、最終的には星団はばらばらになってなくなってしまう運命にある。ヒアデス星団は、まさにその途中の姿といえるだろう。

ヒアデス星団で最も明るいのは1等星アルデバランである。「あかぼし」としてよく目だつのだが、天文学的にいえば、この星は実は星団のメンバーではない。ヒアデス星団とわれわれとの間に、たまたま入り込んだ距離60光年にある単独星である。実際の星団のメンバーは、160光年ほどの距離にあり、明るい星はV字の形に並んでいる。ちょうどアルデバランがV字の先端になるので、西洋では牛の赤い目に見立てて、おうし座になったわけである。日本では、このVの字を釣り鐘に見立てて、釣り鐘星と呼ぶ地方もあったが、概して近くにあるすばるに目を奪われたらしく、それほど多くの和名が残されているわけではない。

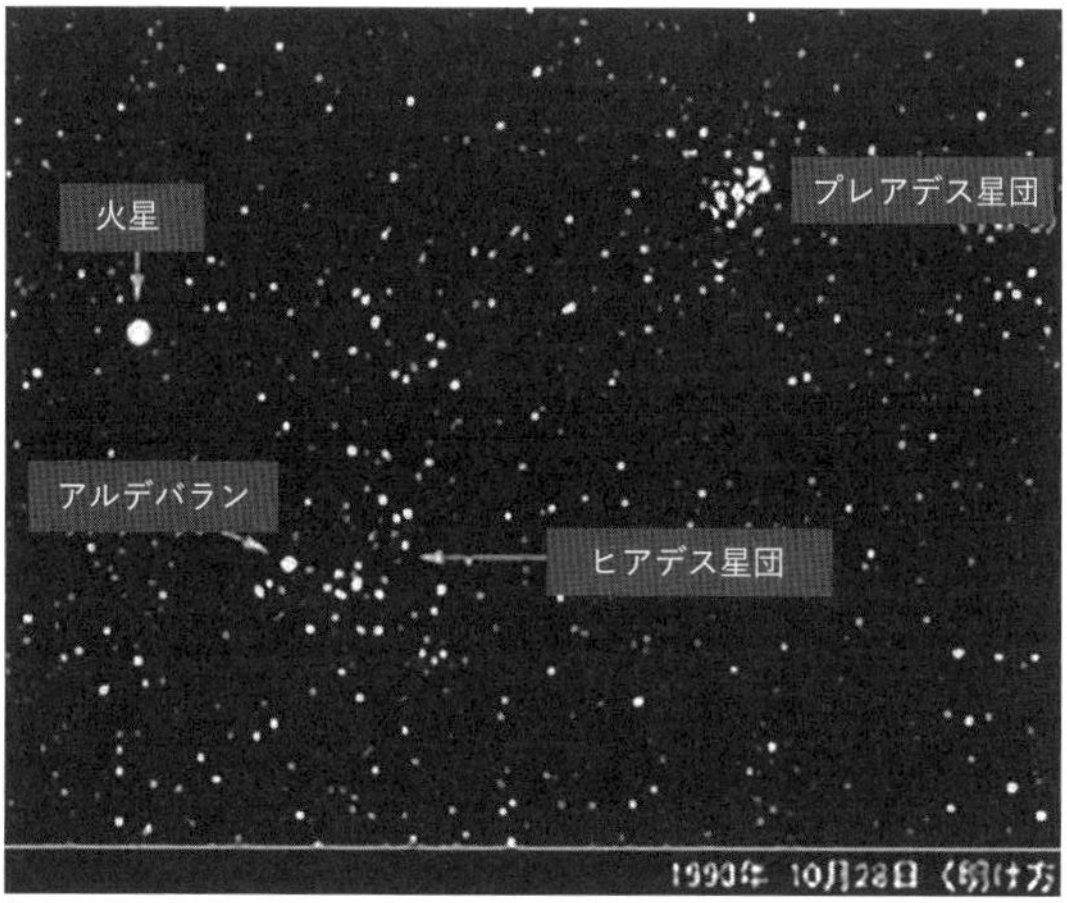

おうし座のすばるとヒアデス星団。このときは火星も彩りを添えている（国立天文台提供）

　ところが、最近このヒアデス星団も、実は日本の神話で重要な位置を占めているかもしれない、ということで見直されつつある。古事記の天孫降臨の段では、天《あめ》の八衢《やちまた》が天上界と地上とを結ぶ道であり、そこにいる神が猿田彦の神であるという。日本書紀では、この神の鼻の長さ、背の高さ、口の両端が光っていること、目が赤く輝くことなどが詳しく記述されている。もともと日本では、星は筒、すなわち天上の世界に穴が空いて、その光が漏れているものと考えられていた。とすれば、天の八衢は天上界の光が集まって漏れている場所、すなわちすばるということになる。

目のいい人であれば、肉眼で見るすばるは確かに8個程度の星が確認できる。その近くにある赤い星はといえば、アルデバランにちがいない。アルデバランとV字の逆側の星を目とすると、そのV字の残りの3つの星もV字をなすわけで、これを大きくあけた口とすれば、確かにその両端が光っていることになる。その中心から長い鼻をV字に対称に伸ばしていけば、そこにはおうし座のラムダ星があり、長さも記述と一致する。すなわち、ヒアデス星団こそ、猿田彦の神そのものに見える。

これは長崎大学の勝俣隆名誉教授の説だが、天文学者としては妙に納得してしまう説明で、それ以来、筆者はヒアデス星団を見るごとに、牡牛の顔ではなく、鼻の長い猿の顔に見えるようになってしまった。西洋では牛の顔になぞらえたヒアデス星団の星たちの並びは、日本では猿の顔になぞらえていたのかもしれない。皆さんもぜひ、ヒアデス星団とすばるを眺めて、記紀神話の世界を想像して頂きたい。

（Vol.14/2007.1）

天のうさぎ

月にウサギがいる、という話はよく耳にするだろう。確かに、満月の模様をじっと見ているうちに、黒く見える海の部分が餅をつくウサギに見えてくるから不思議である。ところで、星座の方にもウサギがいるのをご存じだろうか。

うさぎ座。真冬の空にはオリオン座をはじめとして明るい星をもつ派手な星座が多いが、そんな中で忘れ去られがちな小さな星座のひとつである。あまり有名ではないのだが、とはいえ、うさぎ座は、2世紀頃にプトレマイオスが定めた48星座に含まれている由緒ある星座である。場所はといえば、あのきらびやかなオリオン座の足下である。確かにオリオンに目を奪われてしまうので、目立ちにくいのだが、よく見るとなかなかどうしてりっぱである。3等星が4つ、4等星が6つあるが、これらの星々をつなげていくと、ふたつの耳をたてたうさぎの形を想像することができる。そういう意味では、比較的、わかりやすい星座といえるだろう。

うさぎ座は、オリオン座に踏みつけられている位置にある。狩人であるオリオンは、うさぎ

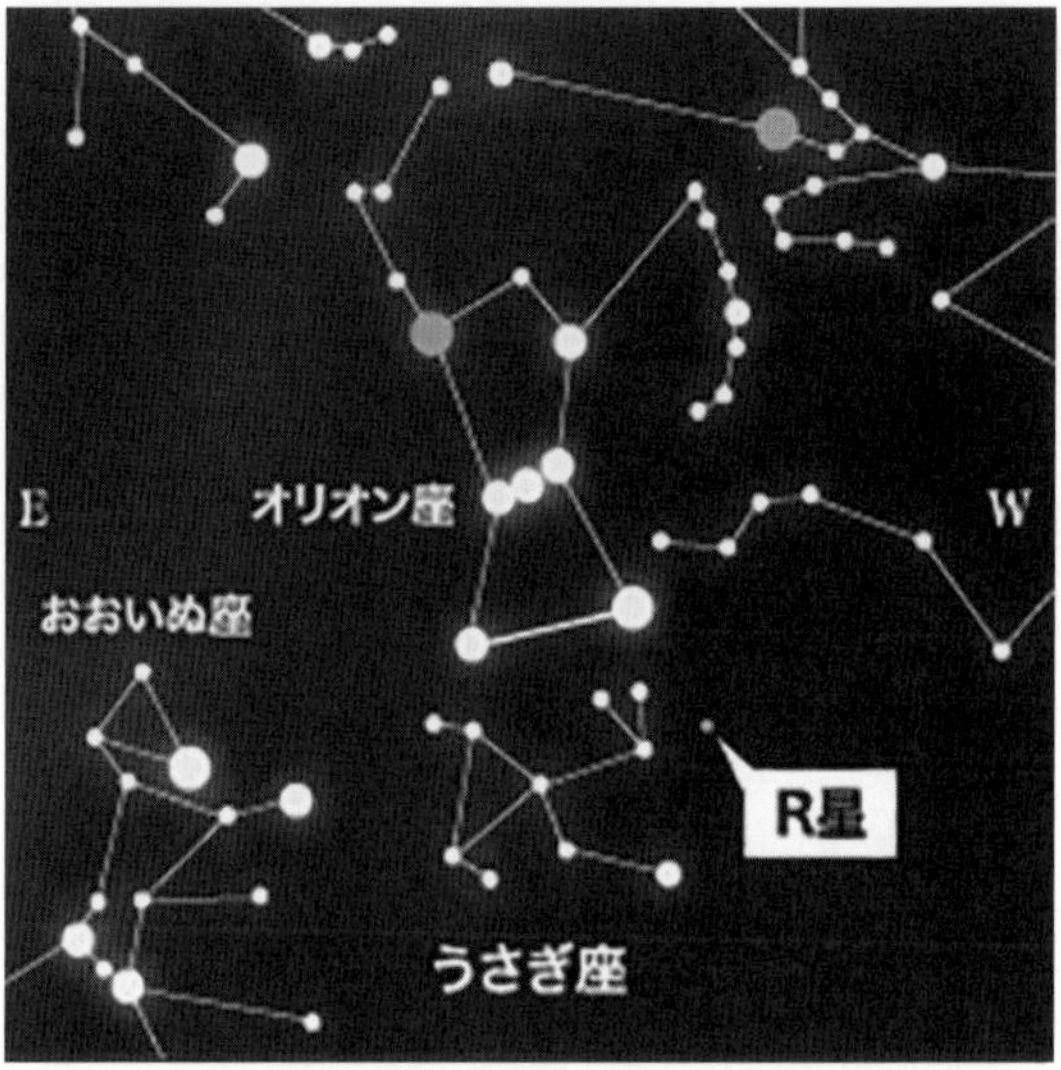

2月中旬、20時頃の南の空。オリオン座の下にうさぎ座が見える
（ステラナビゲータ/アストロアーツ）

を好んで狩りをしていたため、この場所の星座にされたらしい。オリオンの猟犬であるおおいぬ座が東から、うさぎを追いかけているようにも見える。神話らしい神話は伝わっていない星座である。

この星座で特に面白いのは、全天で1、2を争うほどの〝真っ赤な〟星の存在である。うさぎ座R星と呼ばれる星で、その色からクリムゾン・スターとも呼ばれている。クリムゾンというのは真っ赤な、あるいは深紅の絵の具にちなんだものである。

19世紀にイギリスの天文学者ハインド（1823－1895）が発見した明るさを変える変光星の一種である。約1年2ヶ月で6等星から11等星の間で変光する、いわゆるミラ型変光星（詳しくは、「明るさを変える不思議な星」104頁参照）である。発見したハインドは、この星の赤さを「暗黒の中に滴《したた》り落ちた一滴の血」とたとえた。この星は、天文学的には炭素星という特殊な星であることがわかっている。炭素を通常よりも多く含んだ星で、そのために通常の星よりも赤く輝いている。

炭素星では、もっとも暗くなったときが一番赤く見える。暗い時期には、かなりの赤さが期待できるのだが、いずれにしろ、肉眼では見えないのは残念である。この星を眺めるためには双眼鏡か、望遠鏡が必要となる。空が透明な、この季節なら、うまく望遠鏡を向けられれば赤い色を楽しむことができるかもしれない。

うさぎの赤い目の場所にあれば、話は完璧なのだが、残念ながら、この星はうさぎの目の位置にはない。ただ、赤い目のうさぎを思い起こさせる星であるのは確かである。うさぎ座はオリオン座が南の空高く上がっている宵のうちに、その足下を探すとすぐに見つかる。

（vol.27/2008.2）

冬の夜空の川下り ―エリダヌス座―

晩秋から初冬、南の空にくねくねと伸びる星座が現れる。オリオン座の傍らから、秋と冬の星座の真ん中を、細長く南へ延びる川である。といっても、天の川ではなく、星座の上での川、エリダヌス座である。エリダヌスとは、伝説上の大河の名前で、ギリシア神話では悲劇の舞台として有名だ。太陽神ヘリオスの息子、冒険好きのフェートンが、父に太陽を運ぶ馬車を貸してほしいと頼みこむ。ヘリオスは自分でも扱いが難しいため、危険だと承知しなかった。しかし、フェートンは、冒険の誘惑に負け、朝になるとその馬車に乗って出発してしまった。ところが、しばらくして、操っているのがいつものヘリオスでないことに気づいた馬が暴れだした。フェートンは、この暴走を止められずに、馬車はいつもの道から大きくはずれ、世界中を焼き払ってしまったのである。これを見た大神ゼウスが、フェートンに雷を落としたため、フェートンは燃えながらエリダヌス川に落ちて死んでしまったのである。もともと、この季節の太陽の通り道（黄道）は、うお座からおひつじ座、おうし座など天高いところを通っている一方、エ

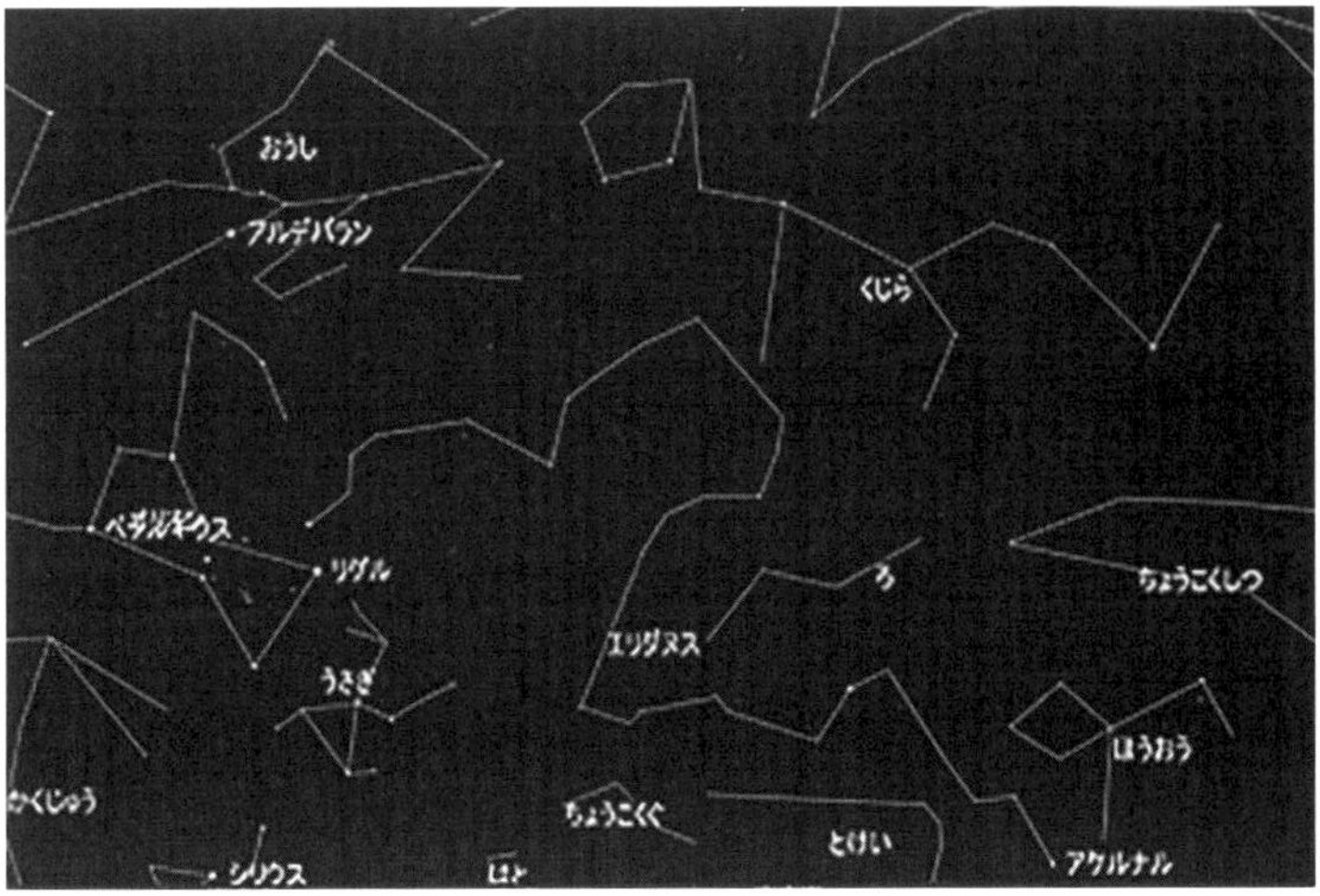

12月10日20時30分の南東の空（鹿児島）。オリオン座の西側から、連綿とエリダヌス川が地平線まで流れているのがわかる。地平線に見えるのが、1等星アケルナル。鹿児島では、何とか見えるが本州以北では見えない（ステラナビゲータ/アストロアーツ）

リダヌス座は南に低く、黄道からずっと離れている。そのため、馬車が軌道を外れて落ちて行くには好都合の場所だったのかもしれない。

　そんな悲劇に彩られたエリダヌス川は、オリオン座の1等星リゲルのすぐ北西の3等星クルサからはじまる。その後の星のつなぎ方は、いろいろな流儀があるものの、15－20個ほどの星を経て、最終的に南の地平線にまで注ぎ込んでいる。もともと、エリダヌス座は全天でも6番目に大きな面積をもつほど細長い星座である。その最終地点には、アケルナルという1等星が堂々と光っている。アケルナルという名前は、エリダヌス川の南端に位置する「川の終わり」という意味のアラビア語に由来している。

クルサから、このアケルナルまで、天球上の大円（最も近い曲線）で結んだとしても、なんと66度も離れている。結び方にもよるが、おそらくエリダヌス川の流れをたどると、その長さは90度はあるだろう。さすがに、第I章で紹介した（『うみへび座　ひねもすのたりのたりかな』23頁参照）、うみへび座（東西方向に１００度近くにわたって細長く伸びている）ほどではないものの、りゅう座やへび座など、大円的にはせいぜい50度に満たない星座に比べれば、その細長さは抜きんでている。その意味では、エリダヌス座はうみへび座に次ぐ細長い星座といっていいだろう。

星がよく見える冬の夜、星図を片手に、エリダヌス座の星々をたどりながら、細長い川の川下りを楽しんでみてはどうだろうか。３－４等星と暗い星が多いのだが、しっかりした星図さえあれば、意外と簡単に結べてしまうはずである。ところで、エリダヌス川の川下りだが、最終地点に到達できることはなかなか難しい。というのも、その最終地点にある1等星アケルナルは、南に低すぎて、日本の大部分からは見ることができないからだ。九州中部よりも南の地域でないと地平線に昇ってこないのである。もし、住んでおられるところが九州中部より南なら、地平線までよく晴れた夜に、最終地点であるアケルナルを探すのに挑戦してみても面白いだろう。


（vol.49/2010.12）

冬の大三角の中に潜む、幻のいっかくじゅう

冷たい風が吹きすさぶ冬の夜、南の空にはオリオンが大きな顔をして輝き、それを追うように2匹の猟犬：おおいぬ座とこいぬ座が昇ってくる。オリオン座の肩でオレンジ色に輝く1等星ベテルギウス、おおいぬ座の1等星シリウス、そしてこいぬ座の1等星プロキオンを結んだ大きな三角形が、有名な冬の大三角である。なにしろ、きらびやかなオリオン座と全天一の明るさを誇るおおいぬ座のシリウスは、都会の真ん中でもよく見えるため、まず間違えることがない。こいぬ座のプロキオンは、やや暗いのだが、ベテルギウスとシリウスさえわかってしまえば、三角形を結ぶのは簡単なので、冬の大三角はすぐに見つかるだろう。

ところで、この冬の大三角の頂点に輝く星たちは都会でも見えるのだが、三角形の中には、あまり目立つ星はない。夏の大三角の場合は、三角形の中にもはくちょう座を形作るアルビレオをはじめ、2等から3等といった明るくて、有名な星たちが輝いているが、冬の場合は全くといっていいほど明るい星がないのである。夜空のきれいなところにいくと、ここにも天の川が

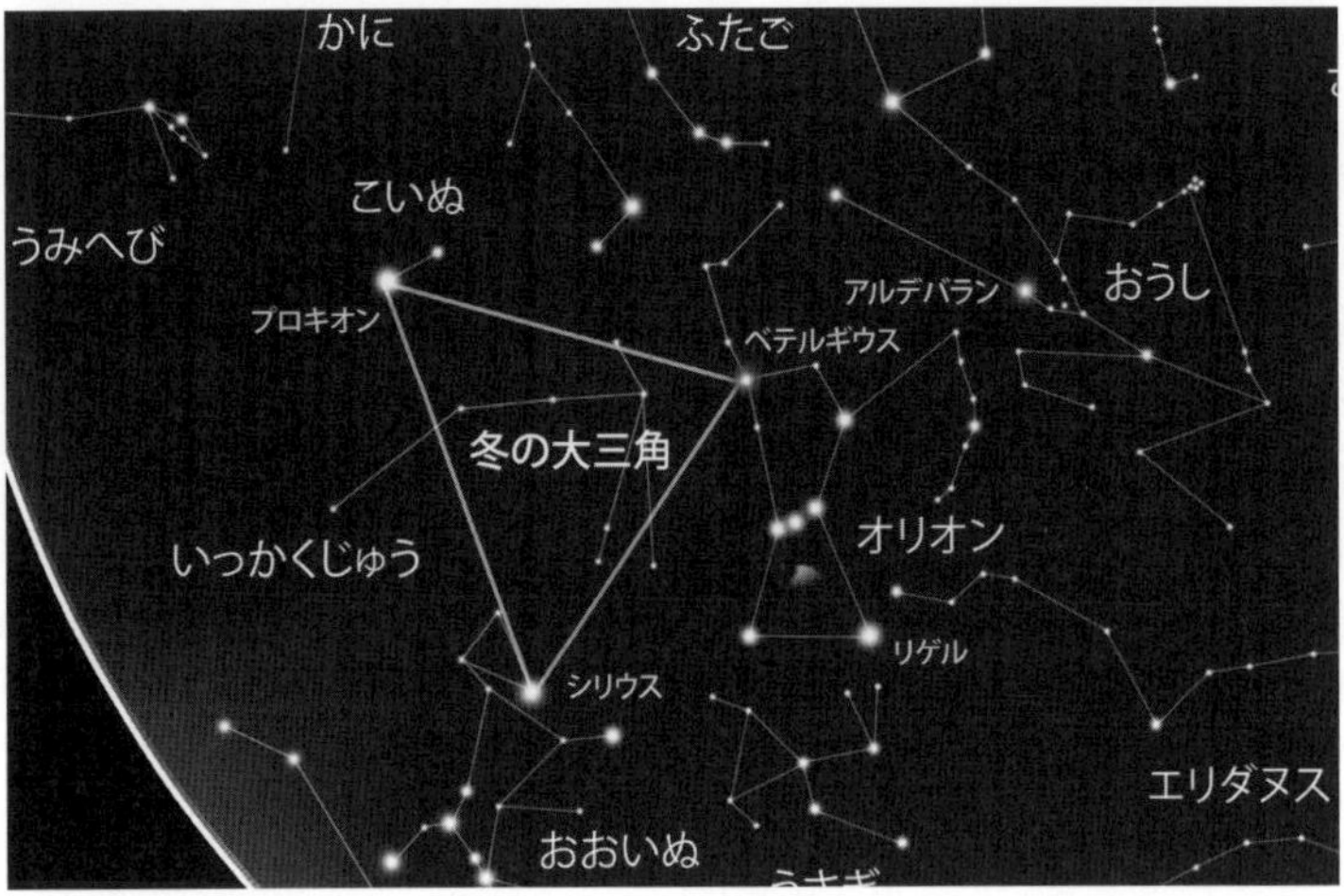

1月頃、東京。冬の大三角の中に、いっかくじゅう座が潜んでいる（国立天文台提供）

流れているのがわかる（そんな夜空は最近はなかなかお目にかかれない）が、星はせいぜい4等星クラスがちらほらという程度である。大都会でなくても、町中で暗い星がよく見えないような場所では、ほとんど星のない領域に見える。まさに三角の真ん中がすっぽりと抜け落ちているように見えるのである。

ただ、そんな領域にも星座は設定されている。それも、なかなか見えないという状況にふさわしい、幻の一角獣をあてた、いっかくじゅう座である。一角獣というのは、1本の角をもつ馬のような想像上の動物ユニコーンである。伝説に現れる一角獣は、白い馬の体にライオンの尾、額の中央に螺旋《らせん》状の筋が入った長く鋭い角をもった姿として描かれてきた。もともとは、かなり凶暴といわれながら、本当は純真無垢な心の優しい動物とされている。たしかに、暗い星しかない星座として、その形をたどれないというのも、幻の動物に思いを馳せ、想像を膨らませるのには最適かもしれない。

さて、明るい星こそ無いいっかくじゅう座だが、月明かりのない理想的な夜空で眺めると、冬の天の川が星座を貫いて流れているのがわかる。そのために、星雲や星団といった天体には事欠かない。いっかくじゅう座でもっとも有名なのは、赤いバラのような形をした「ばら星雲」である。地球から約4600光年の距離にある散光星雲で、基本的にはオリオン座にある大星雲M42と同じ水素ガスが光っている星雲である。ただ、オリオン大星雲より10倍も遠いために、ばら星雲を肉眼では見ることができないが、写真に撮影すると色鮮やかな赤いバラの花のような美しい姿に写る。花の真ん中には生まれたばかりの若い星達が集団で輝いているのがよくわかる。

ばら星雲（国立天文台提供）

長野県にある東京大学木曽観測所では、ばら星雲の素晴らしい画像を撮影している。観測所の望遠鏡で撮影されたばら星雲を背景に、観測所のドームが御嶽山《おんたけさん》をバックにデザインされたふるさと切手が発売されたほどである。日本でも郵便切手に星座がデザインされているものは、これまでいくつか発行されているが、天体の中でも星雲が切手になったのは、これが初めてではないだろうか。

双眼鏡や望遠鏡で、この宇宙のバラの花を見つけることはできない。写真に撮影して初めて潜んでいる星雲が浮かび上がる。そんなところも、幻の動物をかたどったいっかくじゅう座らしいところかもしれない。

(Vol.50/2010.1)

冬空の多角形を楽しむ

冬の夜空には1等星がたくさん輝いている。とりわけ目立つのが南の空のオリオン座で、リゲルとベテルギウスというふたつの1等星があるし、その東にあるおおいぬ座のシリウスは全天一の明るさを誇る1等星である。前項でも紹介した冬の大三角はベテルギウス、シリウスと、こいぬ座のプロキオンを結んだものだが、少し見方を変えると、さらに巨大な図形が描ける。ベテルギウスを中心に、その西に輝くおうし座のアルデバランからリゲル、シリウス、プロキオン、そしてふたご座のポルックスと順に結び、最後に、この時期の宵の頃なら、ほぼ頭の真上にあるぎょしゃ座の1等星カペラとを結ぶと、巨大な六角形ができあがる。しばしば、これを冬の大六角形、あるいは冬のダイヤモンドなどと呼ぶことがある。見上げると、南のシリウスから、北のカペラまでほぼ夜空の半分も占めようか、というほど大きな造形である。

ただ、いささか歪んだ、いびつな形であること、またふたご座の1等星ポルックスと並んで輝くカストルが1・6等とほとんどポルックスと同じような明るさであることなど、六角形を結んでいくときに、迷うこともしばしばである。（ただ、形状的にはこのポルックスとカストルとの両方を結んでしまう場合もある。）さらには、この巨大な六角形が、黄道を含んでいることから、明るい惑星が乱すことが多い。季節ごとのランドマークで、夏や冬の大三角、秋の四辺形は黄道を跨いでいないので、明るい惑星が形を乱すことはない。黄道を跨ぐのは春の大曲線だけだが、これはなにしろ曲線なので面積をもたないために、惑星が横切っても、あまり気にならない。冬のダイヤモンドは、かなりの確率で惑星を含んでしまうのである。冬のダイヤモ

冬のダイアモンド（2002年12月28日、山梨県大泉村、栗田直幸氏撮影・提供）

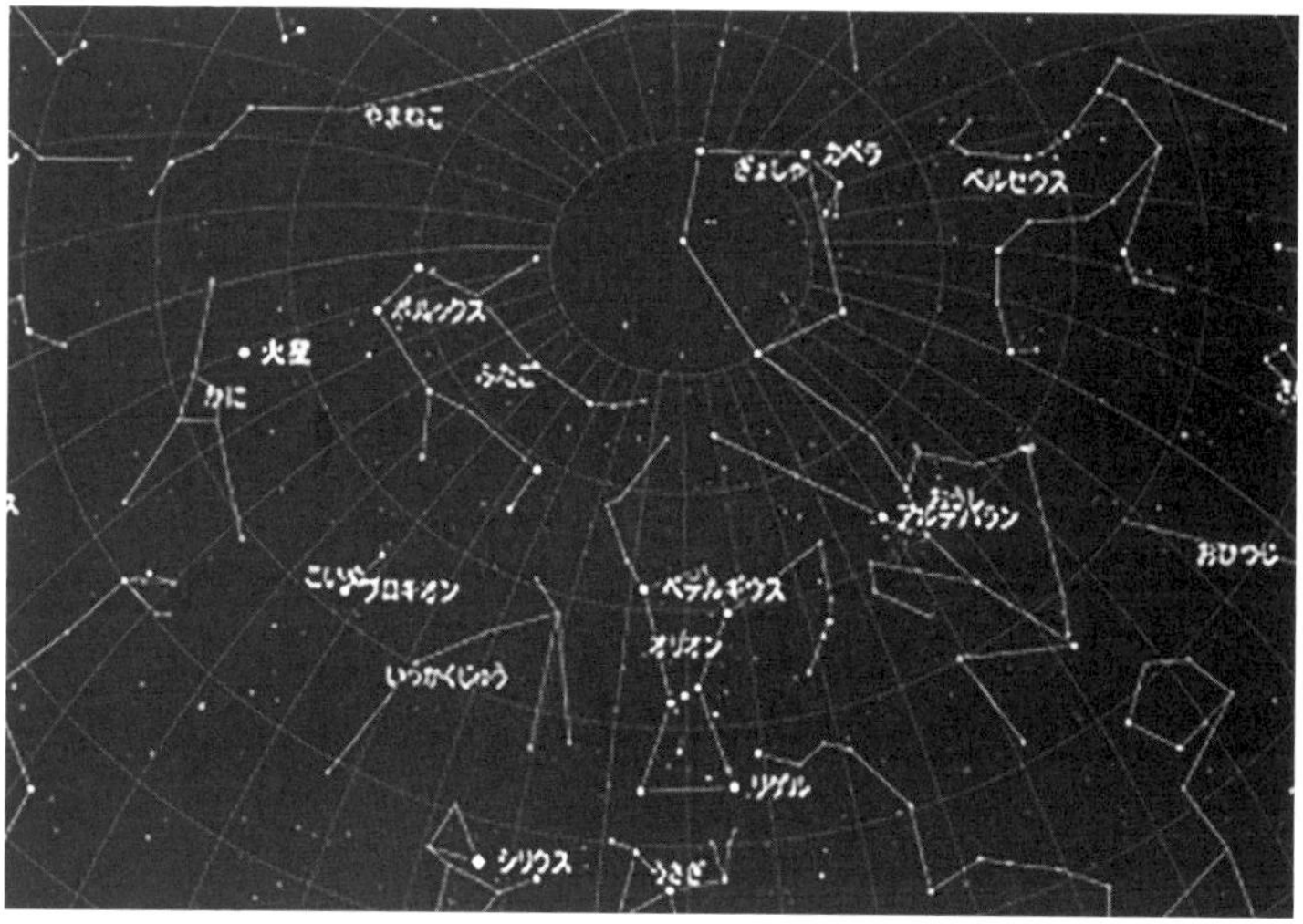

2月15日20時の天頂付近の空の様子。東京（ステラナビゲーター／アストロアーツ）

ンドが結べれば、冬の星座探しはかなりややすくなるだろう。夜空が美しい場所で月明かりがないときには、このダイヤモンドを貫いて流れる淡い冬の天の川を眺めることができるにちがいない。

　ところで、このダイヤの六角形を結べたら、最も北側のカペラに注目して見てほしい。実は、このカペラを頂点に、ダイヤモンド内にある2等星と3等星とをうまく結んでいくと、五角形を結べるはずである。これが、ぎょしゃ座の五角形である。ギリシア神話では、この御者は、アテネの王で、複数の馬を用いた戦争用の馬車を発明したとされている。もともと足の不自由だった王様らしいが、この戦車で大いに戦果を上げたとも伝えられている。五角形は、よく目立つので、日本でも「五角星」あるいは「五つ星」とも呼ばれていた。

　さらに、カペラのそばに注目してみたい。そこには、3つの3等星から成る、小さな二等辺三角形が見つかる。古い星座絵などを見ると、この三角形は御者の手に抱かれた子ヤギのしっぽあたりに相当する。もともとぎょしゃ座は、ギリシアに伝わる以前のバビロニアで生まれたといわれており、その頃には牧人座とされていたための名残だろう。いずれにしろ、小さな二等辺三角形は、均整のとれた形状で、よく目立つ。正三角形に近い冬の大三角とは対称的な形状である。

　冬の夜空に輝く六角形、五角形、そして大小ふたつの三角形。透徹な冬の空で、皆さんも、それぞれに多角形の星の並びをたどってみてほしい。


（Vol.51/2010.2.12）

生命の謎に迫る? オリオン大星雲での発見

われわれの体を作っているのは、複雑な有機物であることはご存じだろう。その基礎となるのがアミノ酸だ。一般にタンパク質は20種類のアミノ酸が結合して作られている。ところが、タンパク質を作っているアミノ酸をよく調べてみると、奇妙なことに、ほとんどが「L型アミノ酸」と呼ばれるものであることがわかっている。

実は、アミノ酸というのは、原子の組み合わせ方によって、鏡像異性体とよばれるL型（左型）とD型（右型）とが存在する（次頁に参考図版）。L型とD型は、それぞれ鏡に映したときのように原子配列が逆転している。一般に実験室でアミノ酸を合成すると、ほとんどの場合は、このL型とD型が同じ量できる。では、どうして地球上の生命におけるアミノ酸のほとんどがL型なのだろうか。これは、生命科学における根本的な謎として、いまでも解けていない大きな謎である。

この謎を解く鍵のひとつが、光の性質である偏光にあると思われている。（偏光についての説明は、ここでは省略させて頂く。）実は、偏光した光をあてながらアミノ酸を合成すると、その偏光に応じて化学反応が対称的でなくなるため、L型かD型かどちらかが多く合成されるからである。つまり、生命を形作るアミノ酸が、偏光が豊富な状況でL型が多く造られれば、必然的に生命が誕生する際にL型が選択されただろう、と考えられるのである。

では、偏光が多いような特殊な状況が宇宙にあるだろうか。探してみると、これが結構、あるようだ。特に興味深いのは、星が生まれつつある領域（星形成領域）で、偏光が観測されたことだ。もし、星が生まれ、同時に惑星が生まれるような状況下で、偏光が強ければ、そこで生成されるアミノ酸も偏りが生じることになるだろう。生命科学の長年の謎であったL型アミノ酸問題が、天文学で解決するかもしれない。

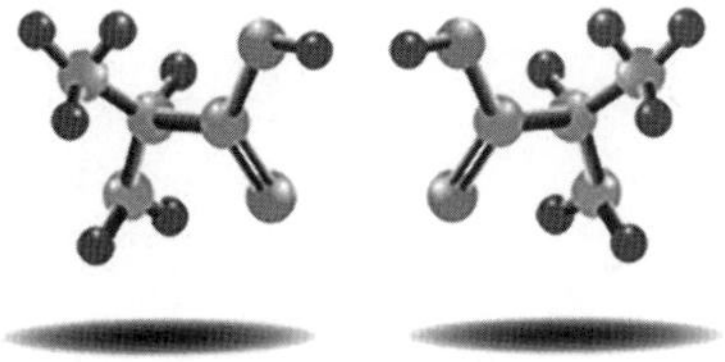

左から、左型（L型）アラニン、右型（D型）アラニン（国立天文台提供）

最初に特定されたのが、天文ファンにはなじみ深い冬の星座オリオン座にあるオリオン大星雲であった。オリオン大星雲は、いままさにたくさんの星が雲の中から生まれつつある、星形成領域の代表である。太陽系の近くには、いくつかの星形成領域がある。おうし座にある星形成領域は、太陽よりも軽い星が生まれている場所で、太陽よりも重い星はほとんどない。一方、

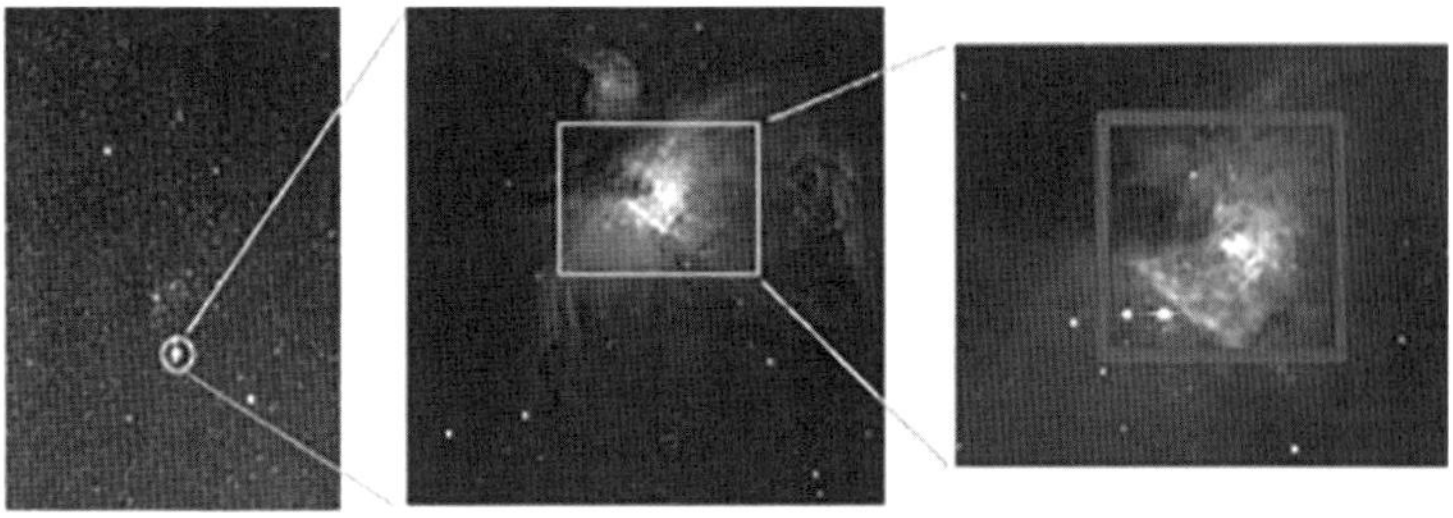

オリオン大星雲（国立天文台提供）

オリオン座の星形成領域は、太陽よりもかなり重い星がたくさん生まれている。国立天文台の研究者を交えた研究グループによって、このオリオン大星雲の中心部に、偏光の強い場所が発見されたのが、１９９８年のことだった。ただ、当時はまだ偏光を検出する感度が低く、検出された領域もごく一部だった。そこで、同グループは、偏光をとらえる新しい近赤外線偏光観測装置を開発し、これを南アフリカのサザーランド観測所に設置された赤外線望遠鏡に搭載して観測を行った。これによって、オリオン大星雲全体の広い範囲に偏光が存在することを明らかにしたのだ。その広がりは、太陽系の大きさのおよそ４００倍以上に相当する。その中心には、太陽の20倍ほどもある大きな質量をもつ恒星が生まれているとされている。そして、偏光の性質が逆になる領域が、交互に表れていることも明らかにしたのだ。オリオン大星雲では、太陽と似たような軽い恒星も多数生まれている。

実際、太陽はかつて大質量星と一緒に誕生したらしいことがわかっている。というのも、地球上に落下した隕石をよく調べると、大質量星が起こした超新星爆発によって生じた物質が含まれているからである。つまり、太陽系はオリオン大星雲のような領域で生まれ、大質量星によって強い偏光にさらされていたと想像できる。もし、そうだとすれば、われわれ太陽系は、大質量星による強い偏光を浴びながら生まれてきたと考えられる。それが原因でL型アミノ酸が増え、その結果として発生した生命がL型を採用したと考えられるのである。もちろん、検討すべき課題は残されている。L型アミノ酸が星雲の中では多く生成されたとしても、地球上でアミノ酸が合成されるときには、強い偏光が届いている可能性は少ないはずだ。では、星雲内でできたL型アミノ酸を、たとえば隕石に保存して地球に降らせるのはどうだろう。いずれにしても、最終的に生命がL型を選ぶまでには、まだまだ明らかにしなくてはいけないことは多そうである。とはいえ、天文学の観測から、生命の起源に一条の光が差し込みつつある。なんとも、わくわくする話ではないか。

（Vol.53/2010.4.15）

ベテルギウスを監視しよう

冬の季節、南の空に大きくオリオン座が輝いている。この星座はオリオン大星雲をはじめ、さまざまな天体がひしめく、有名な星生成領域である。特に大質量星が生まれる場所としては、太陽系に最も近いこともあって、星がどのようにして生まれるかという謎を解くために、昔から天文学者の研究対象になるところだ（「青白き若き星たち －冬空に輝く王者オリオン－」153頁参照）。

ところが、このオリオン座、全く逆に星がどのように一生を終えるかという視点でも、いま注目を集めつつある。話題の中心は、赤く輝く1等星ベテルギウス。この星は、その一生の大部分を終えて、もうすぐ爆発するだろうといわれている。

太陽のような恒星は、その一生の終わりは比較的静かである。水素燃料が少なくなると、その体を膨張させ、表面温度が下がって赤くなる。そして不安定になって、膨張や収縮を繰り返しながら、外層部分を少しずつ宇宙へ放出していく。こうして、星の中心部分だった高温の核がむきだしになったものが白色わい星である。

ところが、ベテルギウスのように、太陽の8倍よりも重い恒星は、その死は劇的である。中心核に鉄が主成分の重い核ができてしまい、その自らの重みに耐えきれなくなって、限度を超えると急激にしぼむ。中心核が、中性子星やブラックホールになる瞬間である。しかし、中心核の周りのガスは、その急激な収縮に追随できない。いわば反動によって、猛烈な大爆発を起こして、光輝くのである。これが超新星爆発という現象である。宇宙の中で最も劇的な現象といってもよいだろう。どのくらいすごいかといえば、1個の超新星爆発の明るさは、銀河の恒星の明るさをすべてあわせたほどに匹敵するほどである。つまり瞬間的ながら、1個の超新星が、ざっと太陽一千億個分の輝きになるのだ。

近年、肉眼で見えた超新星といえば、1987年の大マゼラン雲に出現したものが有名である。16万光年もの遠い距離にあったが、約3等星となって、肉眼でも見えるほどであった。この超新星からのニュートリノが神岡鉱山の地下にあるカミオカンデで捉えられ、ノーベル物理学賞という輝きも与えられた。

この超新星爆発が、ベテルギウスにもうすぐ起こると思われているのである。ベテルギウスの距離は640光年。16万光年で3等星なので、同じような規模になるとすれば、ベテルギウスの超新星爆発は、軽く満月を超える明るさとなり、昼でも見えるのは間違いない。

爆発する前、ベテルギウスはかなり不安定になるはずだ。だが、どの程度の不安定さが超新星爆発の予兆なのかはわかっていない。ある意味では、もうすでにベテルギウスは不安定ともいえる。というのも、その明るさを数ヶ月単位で変える不規則変光星となっているのである。

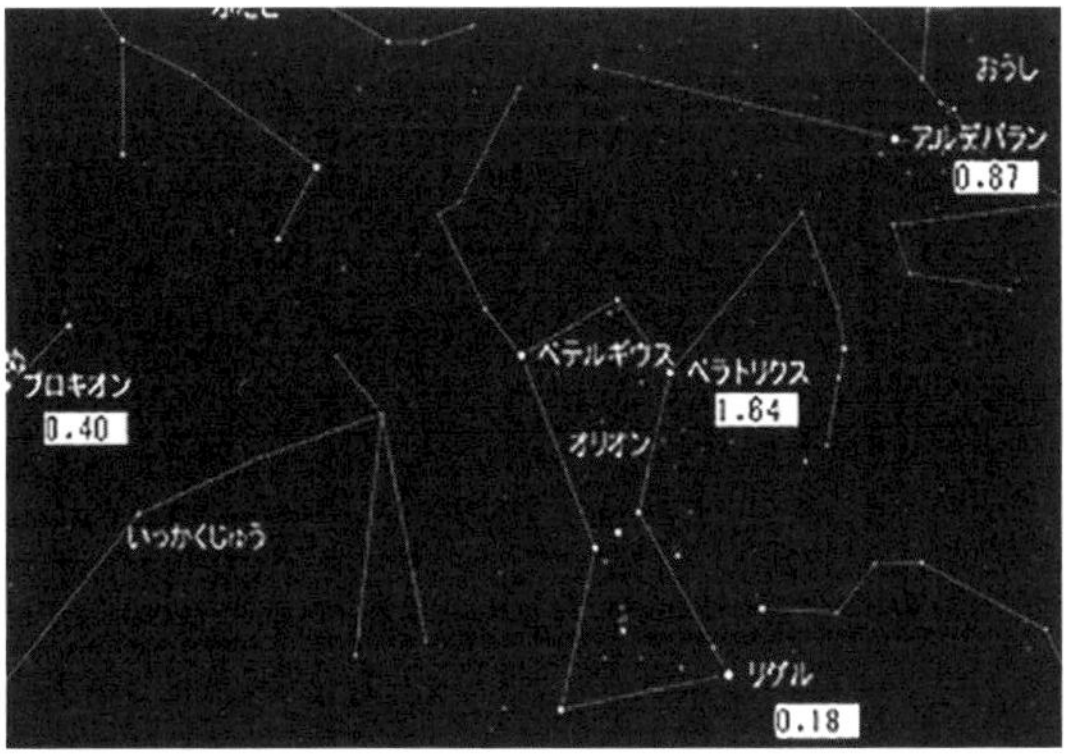

ベテルギウスと、その周辺の星（数値は等級）
（ステラナビゲータ/アストロアーツ）

実は、その変化は肉眼で観察しても十分にわかる。皆さんにもぜひ自分の目で観察してみてほしい。観察は、難しい道具は不要である。肉眼で、ベテルギウスと他の星の明るさを比較するだけである。ベテルギウスの場合、同じオリオン座の1等星リゲル（0・18等）、西側の肩にある2等星のベラトリックス（1・64等）、おうし座のアルデバラン（0・87等）、こいぬ座のプロキオン（0・40等）などと比べてみよう。

ここでは比例法という方法を紹介しよう。ベテルギウスよりもやや明るい星とやや暗い星を見つけて比較し、その間を10等分して明るさを見積もる方法である。ベテルギウスよりも明るい星と暗い星のふたつの比較星を選ぶ。

明るい方の星Aをおうし座のアルデバラン、暗い方の星Bをベラトリックスとした場合、ふたつの比較星の明るさを10等分して、ベテルギウスの明るさが、どちらの星に近いかを10段階で表す。ほぼ中間なら、(A5 5B)、ちょっとAに近いかな、と思ったら、(A4 6B)、さらにAに近ければ(A3 7B)などとする。なかなか難しいと思うが、えいやで推測するのである。こうして観察した結果を、年月日・時刻とともに記録する。ベテルギウスを2012年2月1日の21時30分に肉眼で観測して、目測結果が(A2 8B)となった場合は、下記のように書く。時間は30時制を用いる。

ベテルギウス　2012 0201 2130　(A) 2V8 (B)

A = 0.87、B = 1.64　である。

この結果から、ベテルギウスの明るさは、

0.87 + 2/10 × (1.64-0.87) = 1.024

と算出できる。小数点以下2桁までをとって、ベテルギウスの明るさは1・02等である。毎日、これをやっていると、ベテルギウスの明るさがどんどん変わるのがわかるだろう。ぜひ自分の目で不安定なベテルギウスを確かめてみてほしい。
ところで、もうすぐ爆発するといわれているが、いったいいつになるのだろうか。正確なところは誰にもわからない。しかし、少なくとも10－１００万年以内といわれている。これはベテルギウスの様な重い星の寿命である数千万年に比べれば、本当に「もうすぐ」なのである。

（Vol.74/2012.1.24）

冬の天体ショー、ふたご座流星群を眺めよう

寒い冬の星空に流れ星がきらめく。そんな流れ星が多く見えるのが、毎年12月中旬。ふたご座流星群である。夏のペルセウス座流星群、お正月のしぶんぎ座流星群と並ぶ、三大流星群のひとつである。三大流星群の中でも、特にお薦めの流星群といえるだろう。

その理由は3つある。ひとつは、他の流星群とは異なり、ほぼ一晩中、流れ星が飛ぶことである。夏のペルセウス座流星群の場合、その放射点（流れ星がそこから放射状に流れるように見える収束点）が地平線高く昇ってくるのが深夜過ぎになるので、主に後半夜が観察好機である。夕方、暗くなってしばらくは、ペルセウス座流星群の流星は出現しない。したがって、観察するのはかなりの夜更かしをする必要がある。一方、ふたご座流星群は、冬の星座であるふたご座に放射点がある。ふたご座は日没後すぐに東の空に現れて、明け方に西の空に沈むので、ほぼ一晩中、流星を楽しむことができるのである。特に夜更かしがなかなか厳しい小さなお子さんの場合は、夕方すぐに観察できるのは有利である。

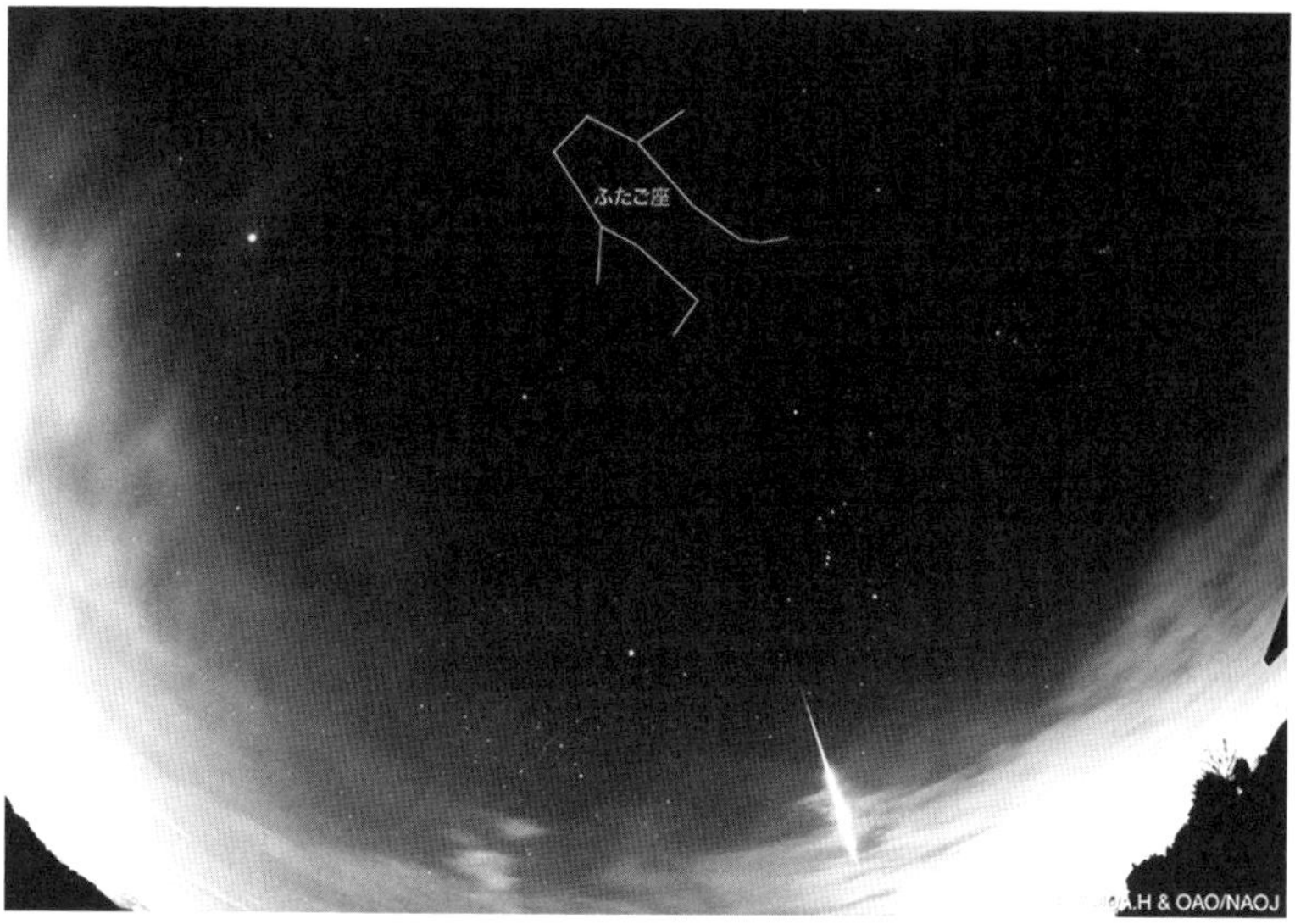

岡山天体物理観測所で撮影されたふたご座流星群の流星。2014年12月15日午前1時47分頃撮影(TODA.H & OAO/NAOJ)

お薦めするもうひとつの理由は、なんといっても数の多さだ。空の条件が良ければ、1時間に数十個、極大に近いと100個を超える出現を楽しむことができる。1分間に1個の割合で流れ星が舞うのである。

さらに3つ目の理由は、毎年の出現数がほぼ一定であることだ。11月の中旬から下旬に出現するしし座流星群は、33年ごとに周期的に数が大きく増減する性質がある。流れ星となる砂粒をまき散らす母親の彗星が太陽に近づく前後に出現が活発になるのである。これは砂粒がまだ母親をあまり離れておらず、母親にくっついてまわっているからだ。その意味では、しし座流星群はまだ「若い流星群」である。一方、ふたご座流星群の場合は、母親とされる天体も、公転周期が1・4年ほどと極めて短く、すでに軌道上にほぼ均一に砂粒が分布していると考えられている。つまり「古い流星群」といえる。そのために、ほぼ毎年、同じような数の流星が流れるわけだ。その意味で、三大流星群の中でも安心して観察をお薦めできる流星群なのである。

特にお薦めの条件がもうふたつ加わっている。流星群は、一般に空の良い場所、つまり星がよく見える場所でないと楽しむことができない。その意味では、月明かりがあると暗い流星が見にくくなってしまい、その数も激減する。その点、2015年は特に、このふたご座流星群の極大時期が新月の時期と重なったため、月明かりがない暗い夜空の元で観察できた。また、極大の時間帯が日本の夜にあたることも特筆すべきであった。2015年のふたご座流星群の活動の極大時刻は、日本時間12月15日午前3時頃と予想された。日本では、ふたご座は、ほぼ天頂付近にあるため、流星群としては理想的な観察条件なのである。実は、この極大予想時刻が日本の夜であることと、月明かりが無いことの両者の条件が満たされるという意味では、2015年は前後10年ほどの間で、最もよい条件だった。

出現数そのものは14日から15日にかけてが最も多くなると予想されるが、その前後の夜でもかなりの数の流星が見られるので、諦めずに眺めてみよう。

(Vol.101/2015.11.19)

冬の夜空の巨星たち

夜空に輝く星々は、肉眼で見る限りどれも点である。惑星の場合は、ある程度の倍率をもつ天体望遠鏡で眺めると、一定の面積をもつ有限の形状が見えるのだが、恒星はそうではない。星座を形作る恒星は、やたらに遠いために、どんなに性能の良い天体望遠鏡で眺めてみても、基本的に点光源で、その大きさはわからない。

例えば、太陽系にもっとも近い恒星である、ケンタウルス座アルファ星の距離でさえ、約40兆キロメートルにある。この星は太陽の直径の1・2倍ほどだが、それでも、その見かけの直径は100万分の2度ほど。これは東京から富士山頂においた太めの鉛筆の芯に相当する。これでは大きさがわかるはずもない。

それでも天文学者は様々な方法で恒星の大きさを推定している。明るさと距離、その表面温度から間接的に推定する方法が一般的だが、比較的、近い恒星で太陽よりもずっと大きな直径をもつものであれば、月に隠される瞬間を詳しく観測したり、干渉法という特殊な方法を用い

日没直後のアルマ望遠鏡山頂施設（チリ）の上空、縦にふたつ並んだケンタウルス座アルファ星、ベータ星が輝いている（国立天文台提供）

て直接測定することも可能である。

これらの方法を用いて計測された代表的な恒星が、冬の夜空には輝いている。おうし座の1等星アルデバランは、月が隠す位置にある1等星であるため、多くの測定例があり、太陽の約44倍ほどとされている。その半径は3000万キロメートルほどに相当する。水素燃料を安定に核融合で燃やしている（太陽のような）主系列星の段階を終え、赤色巨星へ移行しつつある恒星であるため、その直径が大きくなりつつある段階だ。地球がもし、アルデバランの周囲を公転していたら、いまよりも44倍も大きな太陽が見えていたことになる。

ただ、これくらいで驚いてはいけない。冬の夜空で最も目立つ、オリオン座にはさらに

オリオン座を形作る赤い星ベテルギウスは、冬空で見つけやすい恒星だ（国立天文台提供）

大きな恒星がある。近い将来、超新星爆発を起こすかもしれないとされている赤色超巨星、ベテルギウスである。その大きさは太陽の700倍から1000倍ほど。こうなると、その半径は約5億キロメートル。太陽の代わりにベテルギウスを置くと、地球はおろか、火星も飲み込んでしまうほど大きい。

だが、宇宙は広い。まだまだ上がある。おおいぬ座にある変光星、おおいぬ座VY星だ。この星はなにしろ5000光年もの遠方にあるため、明るさは6・5等から9等ほどと、肉眼では見ることはできないものの、あのベテルギウスよりも大きいことは確実である。なにしろ、一時期は太陽の2000倍もあるのではないかとされたほどだ。現在では太陽の約1400倍と推定されている。こうなると、半径は約10億キロメートルとなり、太陽系でいえば木星はおろか土星に迫るほどの大きさである。

こうした巨星は、大きければ大きいほど表面の温度が下がるために、橙色から赤色をしていることが多い。そんな目で冬の夜空を眺め、赤色の星を見つけたら巨大な恒星といっても間違いないだろう。実際には大きさを感じることはできないものの、ぜひそんなことを思いながら夜空を眺めてみてほしい。

ちなみに、現在知られている最も巨大な星は、たて座のスティーブンソン2－18星である。距離が1万9000光年ほどと、おおいぬ座VY星よりもさらに遠方にあり、なかなか観察するのは困難だが、その大きさはなんと太陽の2150倍。太陽の代わりに、この星を置くと、完全に土星軌道を飲み込んでしまうほどである。

（Vol.116/2017.2.15）

＊この書籍は三菱電機サイエンスサイト「DSPACE」に、2005年から2020年に連載された「星空の散歩道」から抜粋し、加筆修正した上で掲載しています。

＊〈三菱電機サイエンスサイト「DSPACE」〉
https://www.mitsubishielectric.co.jp/me/dspace/

【著者】
渡部 潤一（わたなべ・じゅんいち）
1960年、福島県生まれ。東京大学理学部天文学科卒業、同大学院理学系研究科天文学専門課程博士課程中退後、東京大学東京天文台を経て、国立天文台天文情報センター長、同副台長などを経て、現在、国立天文台上席教授。総合研究大学院大学教授。専門は太陽系小天体の観測的研究。2006年、国際天文学連合「惑星定義委員会」の委員となり、太陽系の惑星から冥王星の除外を決定した最終メンバーの一人。
著書に『古代文明と星空の謎』（ちくまプリマー新書）、『第二の地球が見つかる日』『最新 惑星入門』（朝日新書）、『面白いほど宇宙がわかる15の言の葉』（小学館101新書）など多数。監修に『眠れなくなるほど面白い　図解宇宙の話』（日本文芸社）などがある。

星空の散歩道　星座の小径編

2023年6月30日 初版第1刷発行

編著者　渡部潤一
発行者　阿部黄瀬
発行所　株式会社 教育評論社
〒103-0027
東京都中央区日本橋3-9-1 日本橋三丁目スクエア
Tel. 03-3241-3485
Fax. 03-3241-3486
https://www.kyohyo.co.jp
印刷製本　株式会社シナノパブリッシングプレス

定価はカバーに表示してあります。
落丁本・乱丁本はお取り替え致します。

ISBN 978-4-86624-082-4